¿Sabes contar?

¡Cuenta con Los mayas!

Para contactar con el autor:

rogerpech@gmail.com
el-escriba@hotmail.com

¿Sabes contar? ¡Cuenta con los mayas!
D.R. © Ing. Roger H. Pech Sánchez
Primera Edición: Febrero de 2008

Diseño de portada:
El Escriba - Su Compañía Digital
Dibujos:
Roberto Manuel Pech Cetina

Digitalización y formación:
El Escriba – Su Compañía Digital
Calle 5 No. 514 x 52 y 54
Residencial Pensiones
Mérida, Yucatán, México
☎ 999 160 5219

CONTENIDO

Introducción

Lo he pensado mucho... y finalmente me decidí a escribir este libro: un libro que explique cómo los antiguos mayas escribían, leían y utilizaban los números. Creo firmemente que esta forma de operar es una poderosísima herramienta, yo le llamo *"La Ciencia Matemática de los Mayas"*. Me decidí por varias razones, algunas de las cuales expongo a continuación:

* Si bien soy una mezcla de varias razas, y así lo dicen mis antepasados, la raza maya es la que más me ha fascinado en cuanto a su historia, leyendas y mucho más. Mi descendencia maya le ganó a cualquier otra salpicadura de sangre que puedan tener mis venas.
* He tenido la fortuna de conocer con cierta profundidad dos grandes temas que también me han fascinado: Las matemáticas y las computadoras. Mi lado científico también ganó.
* He tenido la fortuna de desempeñarme profesionalmente en un área que, además de importante, me ha llenado de satisfacciones: el magisterio.
* He notado con tristeza cómo muchos niños, jóvenes y adultos han visto arruinada su vida gracias a las matemáticas... perdón, eso es una mentira... gracias a que *no han entendido bien las matemáticas*.
* Lo más triste de todo: me he percatado que el problema es un círculo vicioso ya que los profesores que no enseñan bien las matemáticas, son los que tuvieron un profesor que no les enseñó bien las matemáticas y los futuros profesores que no enseñarán bien las matemáticas, son los que no tienen, hoy en día, un buen profesor que les enseñe bien las matemáticas.

Con el paso del tiempo y aunando las razones anteriores, he encontrado esa herramienta poderosa para enseñar bien las matemáticas; una herramienta que, además de fácil, es amena; una herramienta que no sólo sirve para aprender, también sirve para enseñar. Aclaro: a cualquier edad se puede aprender con esta herramienta y conociéndola, se puede enseñar, sin importar si somos hijos, padres, profesores o alumnos.

Algo importante que también debo aclarar es que esta herramienta no la inventé, de hecho, ni siquiera la descubrí, yo simplemente he tomado muchos pedazos de ella dispersas por el mundo y los he unido para formar este libro. No es la panacea, es simplemente una herramienta.

Cuando hace ya varios años aprendí a operar matemáticamente los números como lo hacían los antiguos mayas, me sorprendieron más, pues descubrí que ellos nunca necesitaron aprenderse diez tablas de multiplicar, como lo hacemos nosotros, para hacer sus operaciones y más aún, con sólo tres símbolos (nosotros tenemos diez dígitos) podían hacer de manera sencilla sumas, restas, multiplicaciones, divisiones y más allá, podían calcular raíces n-ésimas de números (¿Qué diablos es esto? Si lees hasta el final este libro, con seguridad lo aprenderás).

Cuando he tenido libros nuevos en mi mano, lo primero que me pregunto (y creo que cualquiera pensaría lo mismo) es: con lo que sé del tema, ¿puedo entender este libro? ¿será el libro que necesito? Para responder a quienes se puedan hacer estas preguntas, aquí les va lo siguiente:

¿A quién va dirigido este libro? ¡A todos! A todos los que quieran aprender y enseñar las matemáticas de manera fácil, rápida y sencilla. A todos los que quieran *entender* lo que es una suma, resta, multiplicación o división. A todos los que quieran saber qué es y para qué sirve una raíz cuadrada o cúbica. *Sin embargo, he intentado escribir este libro lo más ameno y sencillo posible y por lo tanto, de manera primordial, va más dirigido a los niños, con la idea de que sirva como auxiliar en escuelas primarias y secundarias.*

¿Se necesita saber matemáticas para leer este libro? ¡No! Pero sí, conocer los números. Este libro pretende enseñar desde cero. Sólo se necesitan dos cosas: saber leer y tener ganas de aprender.

¿Necesito leer este libro? ¡No! Pero si lo lee, aprenderá cosas nuevas, importantísimas y además interesantísimas; por otro lado, puede aprender a calcular más fácil, rápido y de manera divertida sin necesidad de lápiz, papel ni calculadora.

¿Son exactas las matemáticas de los mayas? Bien, aquí es importante recalcar que en la vida cotidiana lo importante en los cálculos no es la exactitud, sino la precisión; aunque son términos que, muchas veces se utilizan como sinónimos, no lo son. En la escuela nos enseñan que $\sqsubset$ = 3.1416; sin embargo, este número tiene un número infinito de cifras después del punto decimal; por lo tanto, $\llcorner$ = 3.1416 no es *exacto*, sino que tiene una *precisión* de cuatros dígitos decimales.

Una nota importante para los lectores y, muy especialmente, para los profesores.

Como he mencionado antes, este libro está dedicado, muy especialmente para los chiquitines... de hasta cien años; sin embargo, vale la pena tener cuidado al trabajar con los más pequeños, ya que, si bien es cierto que con sólo saber leer y escribir pueden aprender a operar matemáticamente como los mayas, hay que tomar en cuenta los siguientes puntos:

- en la escuela se enseña la multiplicación de hasta dos cifras en tercer grado
- la división de hasta dos cifras, se enseña en cuarto grado.
- *no se enseña la raíz cuadrada,* sino hasta la secundaria.

Estos parámetro hay que tenerlo en cuenta al aprender y enseñar las matemáticas de los mayas.

Por lo tanto, **sugiero** que se enseñe a multiplicar, sin importar el número de cifras, a los niños de tercer grado o superior; se enseñe a dividir, sin importar el número de cifras, a los niños de cuarto grado o superior; y se enseñe la raíz cuadrada y superior sólo a los muchachitos que estén ya en secundaria.

También hay que tener en cuenta que uno de los errores más comunes entre los profesores, es explicar a los alumnos algo, cuando lo anterior no se ha comprendido cabalmente. No entraré en detalles en este error... no culpo a nadie. Pero al leer o usar este libro como guía escolar, cerciórese de que se haya entendido *y practicado* lo suficiente un tema, para entrar a otro. De esto puede depender el éxito o el fracaso.

Y bueno, pues, manos a la obra, aprendamos a contar con los mayas.

1

Empecemos por lo básico.

Es necesario, antes de conocer la numeración maya, conocer nuestro propio sistema de numeración ya que, a la larga, los números que vamos a manejar en nuestra vida diaria, no son los mayas, sino los que nos enseñan en la escuela.
Por otro lado, me resulta muy triste ver cómo algunos muchachos de secundaria, e incluso de preparatoria, no saben nombras números de varias cifras, como lo sería 145213858, cuando esto es, en realidad, muy fácil y, además, importante.
Hoy en día, se manejan números grandes por todos lados.

1.1. Aprendamos a leer números.

Los números, en nuestro sistema de numeración, están formados por diez *guarismos* o *dígitos*, los cuales son: 0, 1, 2, 3, 4, 5, 6, 7, 8 y 9 ¡Vaya sorpresa!

Vale la pena aclarar algo: Los *dígitos*, de acuerdo a su definición, son diez y se relacionan con los dedos de la mano (los cuales son diez, en una persona normal); los *guarismos* son signos con los que se escriben los números (como los dígitos). Existen culturas, como la china, que no tienen dígitos, sino guarismos para representar un número. De aquí que a los dígitos les podemos llamar guarismos, porque lo son; pero a los guarismos no les podemos llamar dígitos, porque no todos lo son. Los mayas tenían guarismos; nosotros, en nuestro sistema de numeración, tenemos dígitos.

Por otro lado, nuestro sistema de numeración es conocido como *sistema posicional*, lo cual significa que los dígitos tienen un valor diferente, dependiendo de la posición en que se encuentren y las posiciones se leen *de derecha a izquierda*; así, tenemos:

3era posición	2da posición	1era posición
Centenas	Decenas	Unidades

- En la primera posición, los dígitos valen lo que son; esto es, un 5 vale cinco y un 8 vale ocho.
- En la segunda posición, los dígitos valen diez veces más; esto es, un 5 vale cincuenta y un 8 vale ochenta.
- En la tercera posición, los dígitos valen cien veces más (o diez veces más las diez veces de la segunda posición); esto es, un 5 vale quinientos y un 8 vale ochocientos.

Así los dígitos tienen los siguientes valores:

Tabla de nombres para los dígitos

Dígito	Centenas	Decenas	Unidades
1	cien	diez	uno
2	doscientos	veinte	dos
3	trescientos	treinta	tres
4	cuatrocientos	cuarenta	cuatro
5	quinientos	cincuenta	cinco
6	seiscientos	sesenta	seis
7	setecientos	setenta	siete
8	ochocientos	ochenta	ocho
9	novecientos	noventa	nueve

Esto significa que, para leer un número como 542, se procede de la siguiente manera:

- Escribe los dígitos en la tabla.

Centenas	Decenas	Unidades
5	4	2

- Encuentra el nombre del dígito en la tabla de nombres y arma el rompecabezas: El número es quinientos cuarenta y dos.

Otra forma de ver el número es de la siguiente manera: como en las centenas los dígitos valen cien veces más y en las decenas valen diez veces más, entonces, tenemos:

$5 \times 100 = 500$ (cien veces más)
$4 \times 10\ \ =\ \ 40$ (diez veces más)
$2 \times 1\ \ \ =\ \ \ 2$ (no cambia)

No debe sorprender a nadie que la suma de los tres valores anteriores es 542 ¡el mismo número!

1.2. La importancia del cero.

Como habrás notado, hasta ahora no he hablado mucho acerca de uno de los dígitos: el cero (0). Esto es porque en un dígito de mucha importancia, demasiado, diría yo y vale la pena un apartado especial para este señor tan importante.

Como nuestro sistema es *posicional*, surge la necesidad de expresar de alguna manera que en alguna de las posiciones puede no haber valor alguno; esto es, si se tienen cinco centenas y dos unidades sin decenas, el número no puede ser escrito como 52, ya que representa otro número (en este caso, el cincuenta y dos), ni tampoco con espacios, como 5 2, ya que esto se puede mal interpretar como "cinco y dos" o cualquier otra cosa.

Algunas culturas *no necesitaban* un cero, ya que no tenían un sistema posicional en su numeración -los romanos, por ejemplo-; eso es, no todos los sistemas de numeración son como el nuestro; pero este tipo de sistemas son harina de otro costal, así que no nos incumbe por el momento.

La necesidad de llenar una posición con nada, fue solucionado con la aparición de un dígito que represente la ausencia de valor, este es el cero y muchas culturas en el mundo carecieron del cero. La cultura maya fue una de las que *inventaron* un *guarismo* que llene un vacío o cubra una ausencia. Más adelante hablaré de ello.

En español existe una frase que dice: "*es un cero a la izquierda*"; el significado de esta frase se encuentra en las matemáticas. Como ya vimos, los números tienen valor posicional de derecha a izquierda y el cero sólo llena un espacio de algo que no está, pero que es necesario recalcar su ausencia. Más allá a la izquierda del primer digito de un número *no hay nada*, pero *no es necesario recalcar su ausencia*. Esto sólo quiere decir que los ceros a la izquierda de cualquier número *no valen nada*. Entonces, *es un cero a la izquierda*, quiere decir que algo no vale nada.

En nuestro sistema de numeración, un número como 502, se debe leer como cinco centenas (o quinientos), más cero decenas, más dos unidades.

Nuestro idioma nos permite eliminar eso de *cero decenas* o *cero lo que sea* y por lo tanto, simplemente leemos el número como: quinientos dos.

1.3. Hora de ejercitarte un poco.

Si has entendido hasta ahora, entonces no tendrás ningún problema en resolver los siguientes ejercicios. No te preocupes, nadie debe calificarte; pero te recomiendo que preguntes a alguien que sabe, si tus respuestas son correctas.

Como primeros ejercicios, todos los números involucrados en este apartado son de, máximo, tres dígitos. Recuerda que "la práctica hace al maestro".

1. Ponle nombre a los siguientes números:
   a. 125
   b. 945
   c. 45
   d. 780
   e. 605
   f. 875
   g. 999

2. Escribe los números del nombre que te dan:
   a. Novecientos cuarenta y tres.
   b. Doscientos treinta y uno.
   c. Quinientos
   d. Ochenta y tres.
   e. Setecientos ocho
   f. Trescientos noventa.
   g. ciento dos.

Un pueblo puede tener piedras, garrotes, pistolas o cañones; aún así, sí no tiene libros está completamente desarmado.

1.4. Subamos un nivel más.

La mayoría de los números que existen en nuestro sistema de numeración tienen más de tres dígitos; por lo tanto, vale la pena saber cómo nombrar a esos grandes números de muchos dígitos.

Para ello, lo primero que debemos hacer es *no olvidar el nombre de los dígitos en cada posición* (recuerda la tabla de nombres). Después saber que para nombrar un número, es necesario separarlo de tres en tres y de derecha a izquierda. Así, un número como 15428, lo separaremos de tres en tres y queda: 15 428, divide y vencerás.

Los grupos de tres en tres tienen un nombre específico, así, tenemos la siguiente guía:

Millones	Miles	
3er grupo de tres	2do grupo de tres	1er grupo de tres

El primer grupo no tiene nombre, por lo tanto el número se nombra como ya sabemos.

El segundo grupo lo nombrares de la misma manera que el primero, pero le aumentamos la palabra *mil*, que es el nombre que tiene en la tabla anterior.

Antes de pasar al tercer grupo, veamos un ejemplo:

- El número 15428.
- Lo separamos en grupos de tres: 15 428.
- Como leemos de izquierda a derecha; empezamos por el segundo grupo: El segundo grupo es quince y le aumentamos mil, quedando quince mil.
- El primer grupo es cuatrocientos veintiocho.
- Juntamos los dos y queda: quince mil cuatrocientos veintiocho.

  ¡Fácil! ¿O no?
  Otro ejemplo: 875421.

- Lo separamos de tres en tres: 875 421.
- El segundo grupo es ochocientos setenta y cinco *mil*.
- El primer grupo es cuatrocientos veintiuno.
- Juntamos los dos y tenemos: ochocientos setenta y cinco mil cuatrocientos veintiuno.

El tercer grupo tiene la misma regla que el segundo, pero en lugar de añadirle la palabra *mil*, le añadimos la palabra *millón*.

Por ejemplo, el número 15446242.

- Lo separamos de tres en tres y de derecha a izquierda: 15 446 242.
- El tercer grupo es quince *millones*.
- El segundo grupo es cuatrocientos cuarenta y seis *mil*.
- El primero es doscientos cuarenta y dos.
- Y juntándolo todo: quince millones cuatrocientos cuarenta y seis mil doscientos cuarenta y dos.

Una pregunta interesante: ¿existen nombres específicos en niveles superiores para grupos de dígitos de tres en tres?

La respuesta es **sí**; pero en realidad, debo decir que los grupos son de *seis en seis, con subgrupos de tres en tres*. Esto es debido a que cada grupo grande tiene sus miles. Observa la tabla siguiente:

Miles			Billones			Miles			Millones			Miles					
C	D	U	C	D	U	C	D	U	C	D	U	C	D	U	C	D	U

Si quieres ir más allá, que para nuestro caso de estudio no es necesario, te propongo algo simple: escribe el número dígito a dígito de derecha a izquierda y conocerás el nombre del número.

Por ejemplo: Supongamos el número 4594673218645921 (¡guaauu! qué numerito); lo escribimos dígito a dígito en la tabla:

Miles			Billones			Miles			Millones			Miles					
C	D	U	C	D	U	C	D	U	C	D	U	C	D	U	C	D	U
		4	5	9	4	6	7	3	2	1	8	6	4	5	9	2	1

y simplemente leemos: cuatro *mil* quinientos noventa y cuatro *billones* seiscientos setenta y tres *mil* doscientos dieciocho *millones* seiscientos cuarenta y cinco *mil* novecientos veintiuno.

Si aún no te basta: En grupos de seis en seis y de derecha a izquierda, tenemos: millones, billones, trillones, cuatrillones, quintillones y ¿para qué seguir?

Ahora debes entender más cabalmente la famosa expresión de *"Al infinito y más allá"*.

Si la educación te parece cara, prueba con la ignorancia.

2

Sumemos con los mayas.

Muchos científicos afirmaban que los mayas usaban granos de maíz o piedrecillas para hacer sus adiciones y sustracciones.
Hoy en día ya se tienen conocimientos necesarios para establecer que los mayas podían realizar operaciones aritméticas y que su sistema numérico con facilidad se extiende hasta números negativos y fraccionarios.
Para haber creado un calendario más preciso que el que usamos hoy en día, los mayas debieron saber realizar operaciones más complejas que sólo sumas y restas.

2.1. Los guarismos mayas y la base 20.

En su libro titulado *"Relación de las cosas de Yucatán"*, Fray Diego de Landa dice: *"... que su contar es de 5 en 5 hasta 20, y de 20 en 20 hasta 100, y de 100 en 100 hasta 400, y de 400 en 400 hasta 8 mil..."*. Esta curiosa aseveración tiene su fundamento en la *base de numeración*.

Como expliqué en el apartado anterior, nuestro sistema de numeración es posicional y tiene *diez* guarismos y cada vez que un guarismo se corre una posición a la izquierda, aumenta en diez su valor.

Esto tiene una razón muy simple: *la base de nuestro sistema de numeración es 10*, y por lo tanto, contamos muy fácilmente de diez en diez.

Los mayas contaban más fácilmente de 20 en 20; para entender porqué, primero, conozcamos los guarismos mayas:

Para representar el cero, los mayas utilizaban varios símbolos, entre los más importantes están los siguientes:

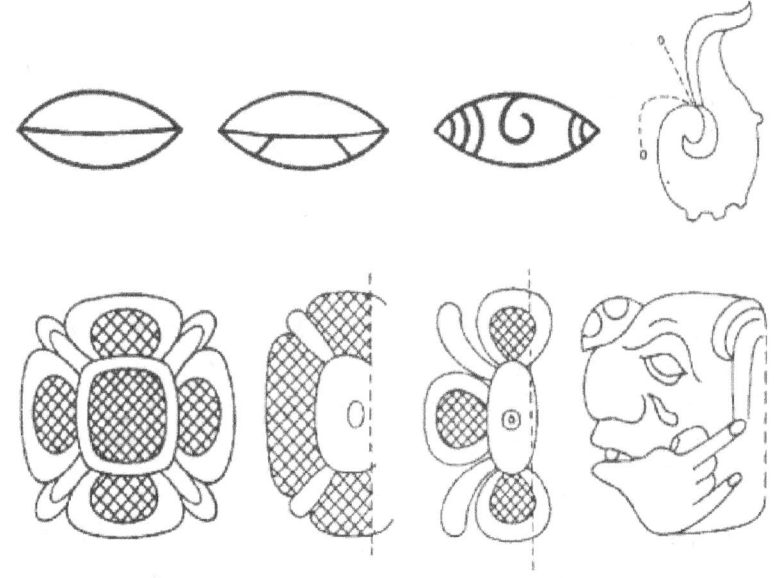

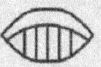
La primera fila contiene ceros usados en códices y la segunda fila contiene ceros usados en las construcciones de sus templos y castillos.

Para explicar la matemática de los mayas, yo usaré el caracol para representar el cero y tú puedes usar una piedrecilla o algún otro objeto pequeño.

Para representar un uno, los mayas usaban un grano de maíz, una piedra o cualquier cosa pequeña, manejable y a la mano. Yo usaré un punto y tú puedes usar hasta una canica, si tienes... aunque, pensándolo bien, las canicas ruedan y pueden perderse, mejor usa un frijol o un maíz.

Para representar un dos, los mayas *juntaban dos unos*; esto es, usaban dos puntos, y continuaban así hasta llegar a cuatro.

Para representar un cinco, los mayas *no* usaban cinco puntos, usaban una ramita, yo usaré una barra y tú puedes usar un palito o un palillo de dientes.

Para seguir contando, los mayas seguían añadiendo *unos*; pero sin pasarse de cuatro, ya que cinco puntos, eran una barra.

Observa el recuadro de la izquierda, allá se resumen los guarismos que se utilizarán a lo largo de este libro.

Para que esto quede más claro, contemos con los mayas hasta diez, por ahora:

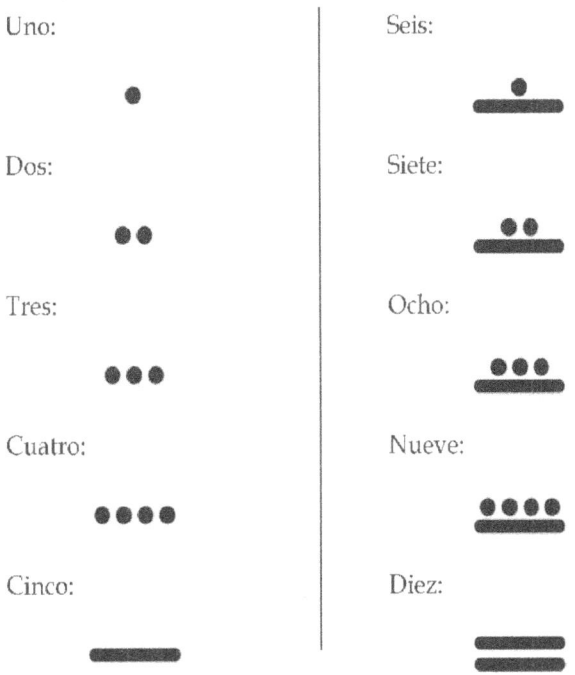

¿Viste qué fácil? La diferencia con nuestra forma de contar, es que nosotros llegamos hasta 9 y entonces desplazamos a la siguiente posición a la izquierda, para llegar a 10 (recuerda: un nuevo nombre para el 1 y un 0 para indicar que no hay unidades). Los mayas llegaban hasta 19 y entonces desplazaban a la siguiente posición *arriba* y llegaban a 20. Para dejar más claro esto, sigamos contando con los mayas hasta 20:

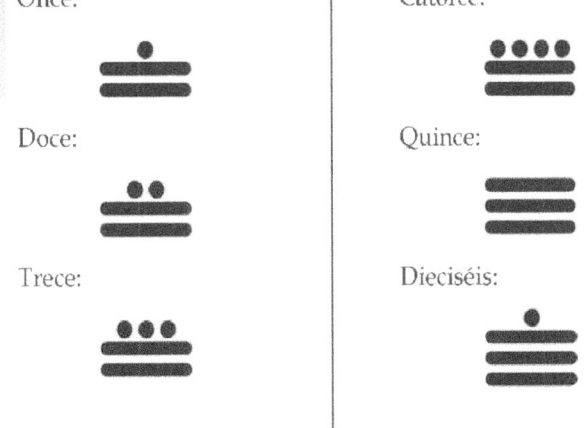

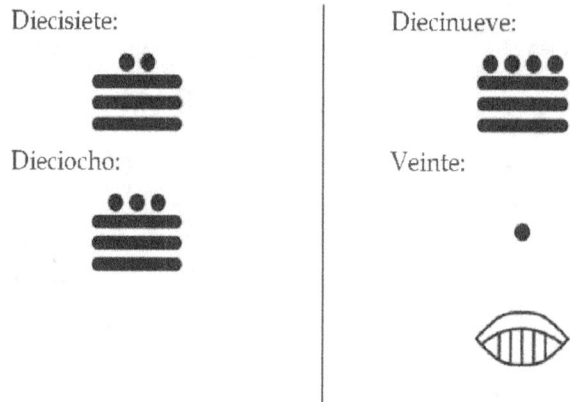

Diecisiete:

Dieciocho:

Diecinueve:

Veinte:

¡*Alto!* Este número 20 en maya, amerita un buen descanso para entender las siguientes buenas explicaciones:

- ¿Observaste el desplazamiento hacia arriba? El punto (uno) subió un lugar y la posición de abajo quedó vacía (cero); igual que cuando pasamos del 9 al 10.
- Así como nuestro 1 aumenta de valor 10 veces al pasar a la siguiente posición, el punto de los mayas aumenta veinte veces su valor.
- Si en lugar de punto escribimos "1", en lugar de la concha escribimos "0" y en lugar de arriba, lo escribimos a la izquierda, como lo hacemos en nuestro sistema, este número nos queda "10". El 20 es a los mayas lo que el 10 es para nuestro sistema, *¡es la base de su numeración!* Ellos contaban de 20 en 20.
- Para evitar confusiones en los niveles al escribir o leer un número maya, los escribiré en una cuadrícula, con lo cual cada nivel queda perfectamente delimitado.

Con todo esto debes ser capaz de seguir contando en maya; para no alargar mucho el conteo, saltándonos algunos números, intentémoslo hasta 30:

Veintiuno:

Veintidós:

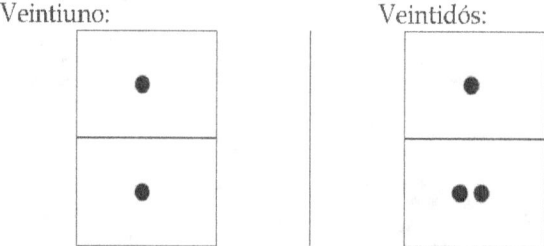

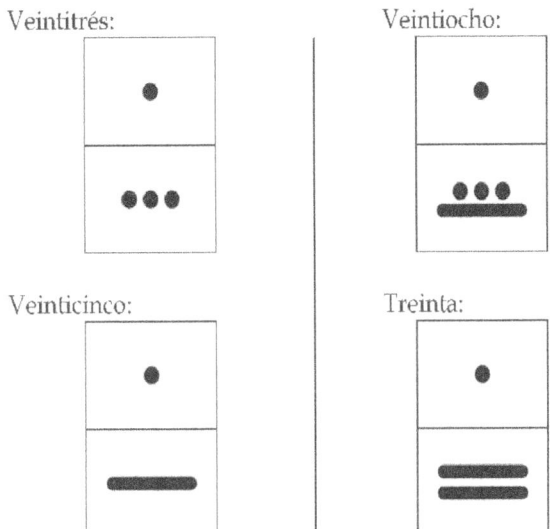

Veintitrés:

Veintiocho:

Veinticinco:

Treinta:

Para escribir los números, los mayas tenían dos reglas muy simples con las cuales se facilitaban este proceso. Estas reglas son las siguientes:

- *No más de cinco puntos en el mismo nivel, mejor una barra.*
- *No más de tres barras en el mismo nivel, mejor un punto en el siguiente nivel superior.*

Recuerda el 19 en maya:

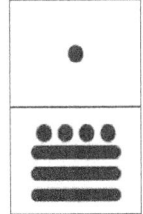

y el 20:

Observa, en el recuadro de la izquierda, el número 19 en maya: son tres barras y cuatro puntos; un punto más (para llegar a 20) hacen cinco puntos y lo convierten en una barra; pero hay tres barras, con una más hacen cuatro y lo convierten en un punto en la siguiente posición superior (¡el desplazamiento!).

Por lo anterior, el siguiente nivel se alcanza en el cuarenta. Veamos el 39:

Un punto en la segunda posición vale 20, más 19 de la primera posición, hacen 39.

Al añadir un punto más, para llegar a 40, tendríamos cinco, que hacen una barra; pero tendríamos cuatro, que hacen un punto en el siguiente nivel:

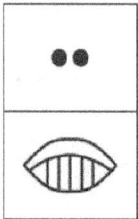

Observa que ahora hay dos puntos en el segundo nivel y cada uno vale 20, lo cual hacen 40, con tres puntos en ese nivel, tendríamos 60 y una barra (cinco puntos) haría 100. Si continuamos, cuatro barras se convierten en un punto en el siguiente nivel con valor de 400.

En efecto, como decía Landa: "... que su contar es de 5 en 5 (de barra en barra en el primer nivel) hasta 20 (hasta alcanzar un punto en el siguiente nivel), y de 20 en 20 (de punto en punto en el segundo nivel) hasta 100 (hasta una barra), y de 100 en 100 (de barra en barra) hasta 400 (hasta un punto en el tercer nivel), y de 400 en 400 hasta 8 mil..."

2.2. Los nombres de los números mayas.

Los antiguos mayas tenían nombres para los números, pero le añadían una terminación diferente de acuerdo a lo que contaban. Así, si contaban a personas, le añadían la terminación *TUL* y si contaban cosas inanimadas (como sillas), le añadían la terminación *PPEL*.

Por ejemplo, la barra (el cinco) se llama *HO*; por lo tanto, cinco personas son *HOTUL* y cinco sillas son *HOPPEL*.

Los nombres de los números, hasta 20, son:

Número	Nombre
1.	Jun
2.	Ka´
3.	Óox
4.	Kan
5.	Jo´o
6.	Waac
7.	U´uc
8.	Waxak
9.	Bolon

10.	Lajun
11.	Buluk
12.	Lajka´a
13.	Óoxlajun
14.	Kanlajun
15.	Jo´olajun
16.	Waklajun
17.	U´uklajun
18.	Waxaklajun
19.	Bolonlajun
20.	Jun ka´al

Algunas de las terminaciones que utilizaban los mayas para contar, son:

Terminación	Para contar...
Túul	Seres racionales y la mayoría de los animales
Pok	Cuadrúpedos y animales alados
P´éel	Cosas inanimadas en general
Báan	Montones de cosas
Kúul	Arbustos
Pets	Piezas o partes de algo
Kuch	Cosas que se están llevando a cuestas
Chach	Puñados de granos y otras cosas
Téen, Máal	Número de veces de algo
Coots´	Rollos
... ...	... ...

Si bien los mayas tenían otras tantas terminaciones para contar más cosas, lo importante para nosotros no son los nombres ni las terminaciones; así que, con lo visto hasta ahora es suficiente.

2.3. Ahora viene lo más importante.

Entre los antiguos mayas, como en nuestros días, existían *jerarquías* y la escritura era algo que no cualquiera podía aprender. Quienes escribían los códices y todo lo relacionado a las pirámides y templos, eran llamados *ajtz´ib* o *escribas*. Estos personajes eran los únicos que tenían la posibilidad des aprender a escribir y contar.

Hoy en día esto ya cambió y todos podemos y debemos aprender a leer y escribir; contar es una parte integrada a estas tareas.

En la escuela nos enseñan a contar, sumas, restar, multiplicar y dividir; si no te han enseñado todas las operaciones anteriores, en algún momento tus profesores lo harán.

Los antiguos mayas tenían una forma muy fácil de realizar estas operaciones y la razón debe saltar a la vista: *mientras nosotros tenemos diez dígitos, ellos tenían sólo tres guarismos, de los cuales uno es el cero.* Sólo dos guarismos son necesarios para hacer las operaciones.

Hace algunos años, se le ocurrió al **Dr. Luís Fernando Magaña**, un físico yucateco, hacer un *cambio de base* en la forma de contar de los mayas; esto es, *no usar la base 20 de los mayas*, en vez de eso, *usar nuestra base 10.* Sólo piensa un poco y observa la lógica en el razonamiento del Dr. Magaña:

"Los mayas estaban acostumbrados a contar de 20 en 20 y nosotros de 10 en 10 ¿qué pasaría si aprendemos a contar como los mayas, pero en la base 10 que es la nuestra?"... Si para ellos era fácil; para nosotros también lo sería. En otras palabras: Los antiguos mayas tenían al 20 como base; pero podemos cambiar todo esto a 10 y usar la técnica de ellos.

Para contar como ellos, pero en base 10, hay que cambiar un poco *una* de las reglas que los mayas usaban para contar. En base 10, estas reglas serían:

> • *No más de cinco puntos en el mismo nivel; si tenemos cinco puntos, los convertimos en una barra.*
> • *No más de* **dos** *barras en el mismo nivel; si tenemos dos barras, los convertimos en un punto en el siguiente nivel superior.*

Aunque por ahora puede parecer un poco tonto, más adelante veremos que nos será de utilidad convertir una barra en cinco puntos, contrario a lo que dice la regla. Por lo tanto, las reglas anteriores, las podemos ver de la siguiente manera:

• Para cambios en el mismo nivel:

Esto significa que, en el mismo nivel, podemos convertir cinco puntos en una barra o una barra en cinco puntos; lo que sea necesario.

- Al movernos a otro nivel:

Esto significa que un punto puede bajar un nivel como dos barras o dos barras pueden subir un nivel como un punto.

Vamos a aclarar esto primero *contando* como los mayas; pero en la base nuestra. Contemos hasta el veinte:

Cero:	Cinco:
Uno:	Seis:
Dos:	Siete:
Tres:	Ocho:
Cuatro:	Nueve:

Ahora viene el desplazamiento:

Diez:

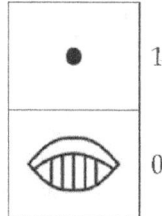

Quince:

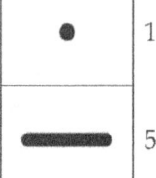

Once:

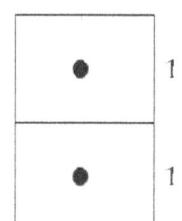

Dieciséis:

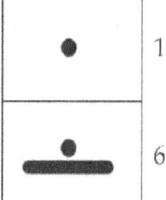

Doce:

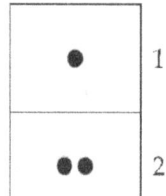

Diecisiete:

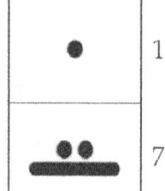

Trece:

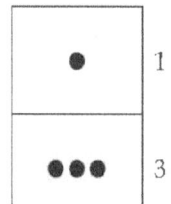

Dieciocho:

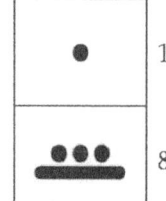

Catorce:

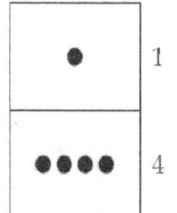

Diecinueve:

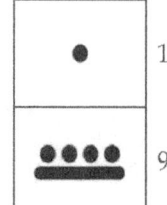

Y, finalmente, el veinte:

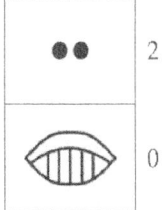

Los números que puse a la derecha de los números mayas, son sólo para que te des cuenta de lo fácil que es leer un número maya en base 10, si sabemos lo que significan los tres guarismos mayas. Por ejemplo, leamos un número muy grande en base 10; pero escrito con guarismos maya:

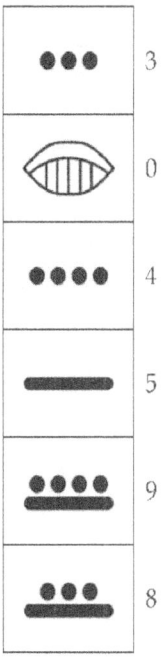

¡Fácil! El número es 304598, *trescientos cuatro mil quinientos noventa y ocho.*

¿Sabes contar? ¡Cuenta con los mayas! ¡Es mucho más fácil!

2.4. Ya sabes contar, ahora aprende a sumar.

La pregunta obligada: ¿En qué nos beneficia aprender a contar en maya, pero en base 10? La respuesta interesante: Las operaciones básicas, y más allá, las no tan básicas, se hacen mucho más fácil.

Además, después de estudiar la forma de operar de los mayas, entenderemos mejor las operaciones en nuestro sistema de numeración.

Los mayas le llamaban *buk-xookil* a la suma, pero en lengua maya la letra "c" no tenía dos sonidos como en nuestro idioma, por lo tanto, esta palabra se pronuncia *buc-shookil*.

Te mostraré cómo sumaban los mayas, pero ¿sabes lo que significa sumar dos números? Sumar es, simplemente, unir las dos cantidades. Si los números a sumar fueran simples montones de algo, unir los dos montones es sumarlos.

Así de simple; de hecho y más allá, sumar es, en realidad, solamente contar. Un ejemplo con números pequeños: si queremos sumar 5 + 3, a partir de *cinco* contamos *tres* más: *seis, siete y ocho*. La respuesta es ocho.

Ahora aprendamos a sumar dos números en maya; pero usando nuestra base 10.

Supongamos que queremos sumar 145432 + 324163; para hacer la suma, escribamos los números en maya en una retícula como la siguiente:

> Recuerda que a cada número involucrado en una suma se le conoce como *sumando*

> El primer número en la primera columna y el segundo en la segunda columna. Recuerda: **los números se escriben a partir de las unidades en la parte más baja de la tabla y, entonces, hacia arriba.**

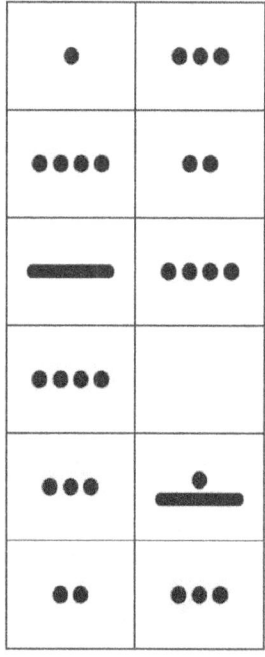

> El maestro enseña más con lo que es que con lo que dice.

¡*Hazlo!* No sólo veas el ejemplo en el libro. ¿Estás usando frijoles? ¿piedrecitas? Lo que sea, nivel a nivel, une las dos celdas en una sola, así:

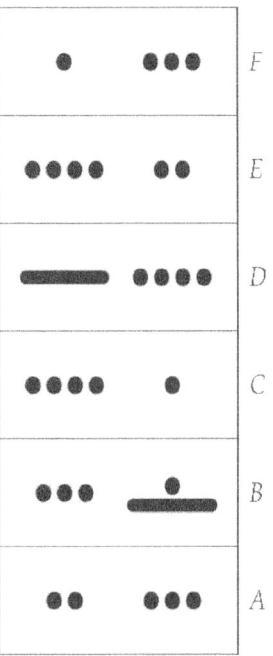

De manera burda, la suma ha concluido; pero observa que hay celdas que tienen más de cinco puntos, lo cual no es correcto en un número escrito en maya; por lo tanto, lo que debemos hacer es aplicar las reglas que antes vimos.

Ahora, *de abajo hacia arriba* (en ese orden), aplica *primero* la regla que dicen que cinco puntos se convierten en una barra y, *después*, dos barras en un punto en el siguiente nivel superior, (hazlo en ese orden).

Para el ejemplo, tenemos: observa la celda *A*, tiene, después de la unión, cinco puntos, esto se convierte en una barra.

En la celda *B* no se puede hacer nada, queda una barra y cuatro puntos.

La celda *C* tiene cinco puntos, por lo tanto lo convertimos en una barra.

La celda *D*, tiene una barra y cuatro puntos. No hay nada que convertir.

La celda *E* se convierte en una barra y un punto.

Finalmente, la celda *F* sólo contiene cuatro puntos, no se convierte nada tampoco.

Observa cómo queda la tabla, y de ella, leemos el resultado:

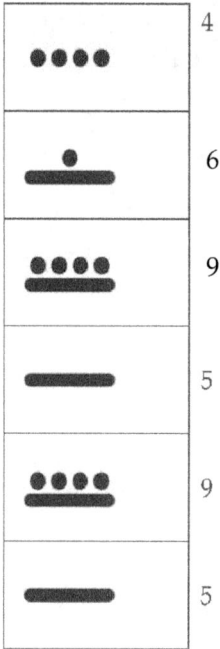

La respuesta: 469595 (*¡Comprueba que esto es cierto!*).

¿Observaste? El ejemplo anterior no tuvo dos barras que pasaran al siguiente nivel superior como un punto. Si hacemos una analogía entre la suma de los mayas y la suma que nos enseñan en la escuela, eso es lo que tu maestro le llama *llevar*.

Un ejemplo un poco más "complicado": Sumemos 543690 + 987234 y veamos que tan complicada se vuelve la suma.

Nota importantísima: El siguiente ejemplo representa una suma lo más complicada que podemos tener; en otras palabras, más allá del siguiente ejemplo, no hay sumas más difíciles.

Por cierto, estoy asumiendo que has leído y estudiado el capítulo 1 que se refiere a cómo leer los números grandes. Aunque esto es importante, observa que no importa si no sabes leer los números, la suma se puede hacer sin saber nombrar la respuesta. Recuerdo, sin embargo que es *sumamente importante* que sepas cómo se llaman estos números, ya que en la vida diaria te los vas a topar siempre.

Ahora sí, sumemos 543690 + 987234.

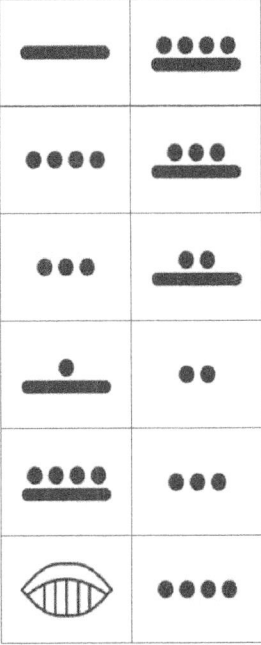

Nivel a nivel, une las dos celdas en una sola, así:

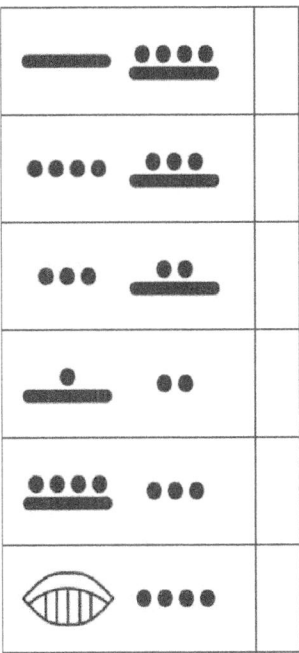

Primero, *de abajo hacia arriba*, aplica las reglas que dicen que cinco puntos se convierten en una barra. La tabla quedaría:

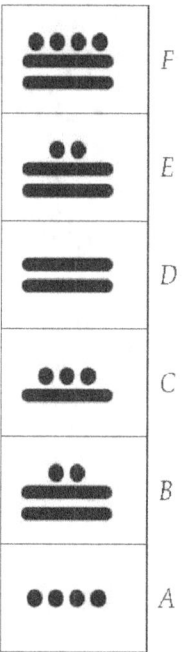

Ahora, *de abajo hacia arriba*, aplica las reglas que dicen que dos barras suben como un punto.

La celda *A*, ni barras tiene, déjala como está.

La celda *B* se queda con dos puntos y sube las dos barras como un punto a la celda *C*.

La celda *C* se queda con una barra y cuatro puntos.

La celda *D* es interesante, tiene dos barras solamente, al subir como un punto a la celda *E*, no queda nada, ¡aquí necesitamos un caracol o cero!

La celda *E*, sube dos barras a *F* y se queda con tres puntos (recuerda el punto que subió de *D*).

La celda *F* también es interesante, ya que dos barras deben subir como un punto ¿a dónde? A la celda superior, aunque no la haya, nada nos impide aumentar una celda más hacia arriba. Nuestros números base 10 crecen hacia la izquierda sin medida, igual lo hacen los mayas, pero hacia arriba.

La tabla quedaría:

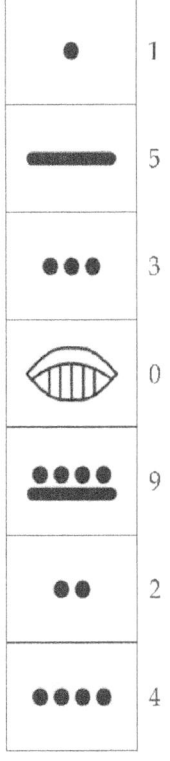

La respuesta: 1530824 (*¡Comprueba que esto es cierto!*).

Una nota muy importante: Recuerda que así como al escribir los números en base 10, no tenemos límite y podemos seguir añadiendo dígitos a la izquierda del número haciéndolo más grande; así en el ejemplo, la tabla se hizo más grande un nivel hacia arriba, ya que los guarismos no cabían. Los mayas escribían hacia arriba.

2.5. Y vamos más allá.

En la escuela nos enseñan, en niveles *avanzados de sumas*, que podemos sumar varios números a la vez; los mayas también podían hacer esto, pero recuerda algo importante tanto al sumar como los mayas como al sumar en nuestro sistema tradicional: *"Divide y vencerás"*; no es nada difícil sumar varias cantidades a la vez, pero si sumas dos y al resultado le sumas el siguiente número, y continúas así hasta completar todos los sumandos, la suma te llevará un poco más de tiempo, pero será más fácil. Sin embargo, vamos a ver un ejemplo de suma en maya donde sumamos cuatro números al mismo tiempo: 193 + 85 + 550 + 64.

Ahora la cuadrícula es con cuatro columnas (el número de números a sumar) y el proceso es idéntico, con la salvedad de que posiblemente subamos dos puntos a la vez en el siguiente nivel. Observa:

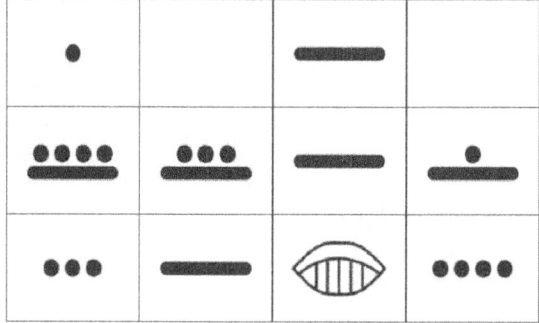

De la misma manera que antes, unimos todo:

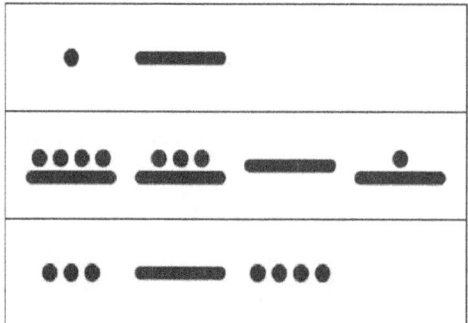

Ahora, cinco puntos por una barra:

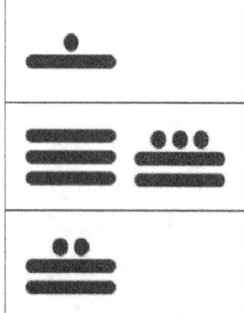

Finalmente, dos barras son un punto en el nivel superior:

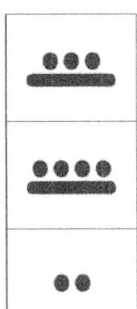

La respuesta es: 892 *¡Fácil!*

2.6. Hora de ejercitarte un poco.

He decidido añadir unos cuantos ejercicios más, ¿la razón? Creo firmemente que realizar cálculo es una de las mejores formas de incrementar nuestra confianza y afianzar los conocimientos de lo que realizamos en matemáticas, después de haber entendido el procedimiento que nos han enseñado. Por lo tanto, manos a la obra, de verdad te recomiendo que no dejes de practicar.

1. Realiza las siguientes operaciones en notación maya; pero en base 10.
    a. 15145 + 78421
    b. 4667 + 951423
    c. 1254 + 75612 + 8451
    d. 654878 + 125456 + 45551
    e. 4568 + 1258 + 32485 + 12546

2. Resuelve los siguientes problemas.
    a. Ayer, jugando al turista mundial, terminé con $43,127.00 en "efectivo", una propiedad de $1,456.00 y tres edificios de $35,487.00 ¿Con cuánto capital terminé el juego?
    b. El año pasado, mi familia y yo fuimos a visitar las ruinas de Chichén Itzá y algunos otros lugares. Mi padre, preocupado por su automóvil, me pidió que anotara el kilometraje que marcaba el tablero. El número era 35,128; de manera aproximada, la antigua ciudad maya de Chichén Itzá está a 180 Km de mi casa. Queriendo adivinar qué número marcaría el tablero al regresar a casa, hice unas cuantas cuentas para aproximarme a ese número.

Adivinando, pero ayudándote de las matemáticas ¿qué número crees que marcó el tablero?

c. El domingo pasado estaba muy aburrido, ya que la tele de mi casa no funcionaba. Queriendo pasar el tiempo, se me ocurrió contar el número de palabras que tenía un libro que mi mamá estaba leyendo y las primeras ocho páginas contenían las siguientes cantidades de palabras: 456, 521, 498, 555, 345, 399, 432 y 125. ¿Cuántas palabras tenían las primeras cuatro hojas del libro de mi mamá?

d. Camino a la escuela, me encontré con una hoja que contenía unas sumas de números muy grandes, por curiosidad, investigué si la primera de las sumas era correcta y resultó que me dio un resultado diferente al que estaba en el papel; a ti ¿cuánto te da esta suma?: 1845 + 2589 + 4567 + 3546 + 1245+ 125 + 123456

3

Restemos con los mayas.

*La segunda de las famosas cuatro operaciones básicas llamadas
suma, **resta**, multiplicación y división. No debe hacerse difícil
para nadie restar dos números, ya que la suma y la resta son
operaciones contrarias; esto es, si sumar es unir, restar es
separar ¿qué más difícil puede ser separa un número de otro?
Para facilitar este proceso, las matemáticas de los mayas nos
ayudan de una manera muy eficaz, ya que al contar con sólo
tres guarismos, las restas se nos simplifican.*

3.1. El significado de la resta.

Cuando se suman dos números, como ya vimos en el apartado anterior, lo que en realidad estamos haciendo, es unir las dos cantidades en una sola; de aquí que restar (los mayas le llamaban *cabaltal*), siendo la operación inversa, significa separar una cantidad de otra.

Vamos a tomar un ejemplo muy simple, primero: supongamos que queremos restar 45 de 160, matemáticamente hablando: 160 – 45 (Los mayas, así como nosotros, podían restar 45 – 160, pero eso no lo haremos, por ahora).

Lo primero es escribir en la cuadrícula de dos columnas el minuendo (*160, en este caso*):

Recuerda que al primer número de la resta se le conoce como **minuendo** y al segundo se le conoce como **sustraendo**. Siempre se le quita al minuendo.

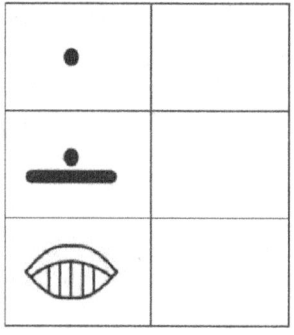

Después, vamos a tratar de *quitarle* 45 (el sustraendo) a este número; empezando desde abajo (y esto es importante: *empezando desde abajo*), necesitamos cinco puntos en la primera celda de la segunda columna, pero como no hay nada, bajamos un punto del segundo nivel como dos barras:

Recuerda las reglas de conversión:
- Una barra a cinco puntos o cinco puntos a una barra, *en el mismo nivel*.
- Dos barras a un punto *en el siguiente nivel* o bajar un punto como dos barras

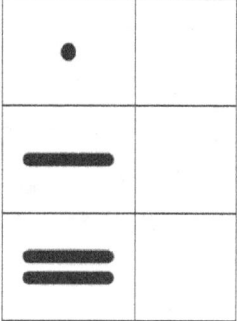

Ahora sí podemos quitar la barra que necesitamos para obtener el cinco del sustraendo. La tabla quedaría, en esta cuenta parcial, de la siguiente manera:

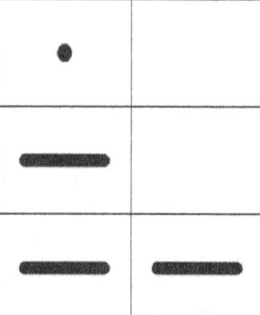

En el siguiente nivel de la segunda columna necesitamos quitar cuatro puntos, así que convertimos la barra en cinco puntos:

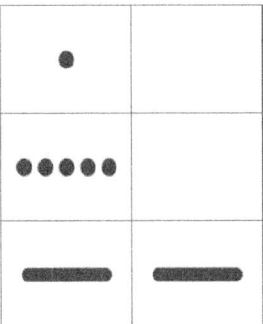

Finalmente quitamos los cuatro puntos que necesitamos:

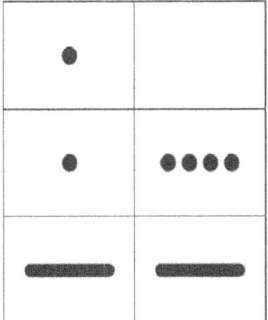

Ya logramos quitar el 45 del sustraendo, ¿qué quedó del número original? 115.

¡Esa es la respuesta!

¡Cuidado! Debes entender que le restamos al *minuendo*; esto es, al primer número, por lo tanto, lo que quedó de este número es la respuesta. La solución la leeremos de la primera columna siempre.

Por otro lado, es importante recalcar que, si ya te enseñaron a restar, habrás escuchado a tu maestro decir que *le prestamos uno al número de al lado* o algo por el estilo, eso es lo que hacemos al bajar un punto como dos barras.

Al igual que lo hicimos en la suma, veamos otro ejemplo: una resta más *difícil*, tan difícil que necesitarás una computadora para ayudarte y para comprobar la respuesta... la verdad, es que esto no es cierto.

De la misma manera que en la suma, lo peor con lo que te vas a topar en una resta es lo que viene a continuación con el ejemplo; por lo tanto, no te preocupes, tanto la suma como la resta son extremadamente fáciles.

Vamos hacer la resta: 1464 – 976.

Primero, como siempre, escribimos el minuendo o primer número del cual vamos a restar el sustraendo:

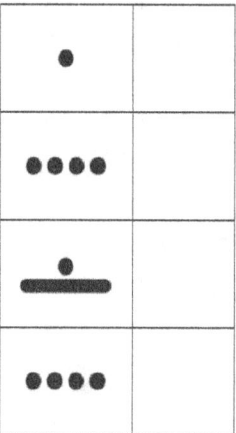

Ahora sí, ya podemos empezar a quitar o restar el sustraendo:

Primer nivel: Para quitar una barra y un punto (seis), necesitamos más puntos, ya que no hay suficientes; por lo tanto, bajamos un punto de arriba como dos barras:

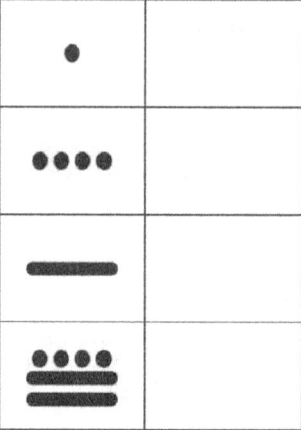

Ahora sí, ya podemos quitar los seis puntos que necesitamos para formar el número:

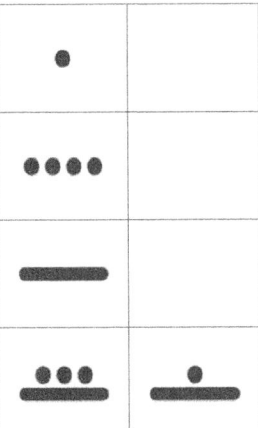

Segundo nivel: Para quitar una barra y dos puntos (siete), también necesitamos más puntos, así que bajamos uno del nivel superior, como *una barra y cinco puntos*.

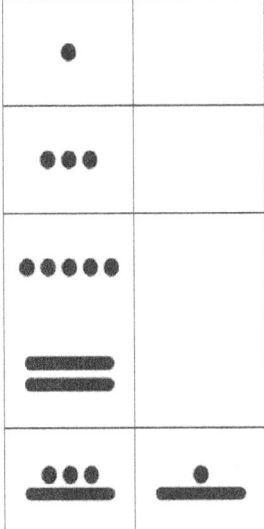

Ya podemos quitar los siete puntos:

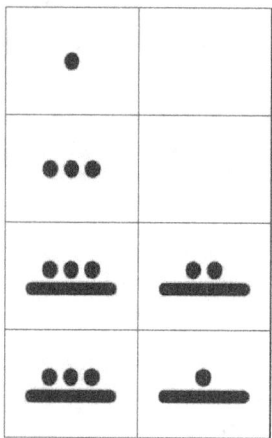

Tercer nivel: Ahora sólo falta quitar nueve en este nivel; de nuevo, bajamos un punto como una barra y cinco puntos:

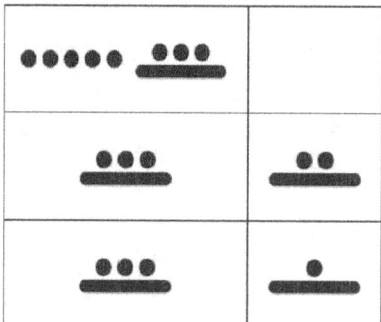

¿Observaste que hay una fila de menos? Como ya no tiene guarismos, no la necesitamos.

Y, finalmente, quitamos nueve puntos:

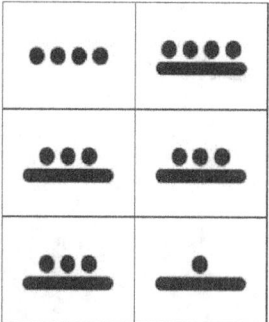

¿En qué se convirtió el número original? En 488 ¡*Esa es la respuesta correcta!*

Observa que el punto del cuarto nivel se bajó como dos barras al tercer nivel y no quedó nada; se puede poner un cero, pero esto no es necesario, ya que no hay más guarismos arriba; por lo tanto, sólo lo desaparecí.

3.2. Los números mayas negativos.

A partir de la resta, es posible realizar cálculos que den como resultado un valor *negativo*, ¿qué es un número negativo? Los números que hasta ahora hemos manejado se llaman *naturales*, ya que surgen de manera natural. Lo más natural (o lógico) es contar cosas de uno en uno hacia delante.

Sin embargo, cuando restamos, en realidad estamos contando *hacia atrás*, ya que estamos quitándole al número o *des-contando* (ahora debes entender mejor lo que significa un *descuento* para el precio de algo).

¿Qué pasa si necesitamos quitar más de lo que se tiene?; por ejemplo, supongamos que voy a la tienda con $5.00 y quiero comprar una barra de pan que vale $6.00. El dinero no me alcanza; pero el tendero me puede dar el pan, con la condición de que, más tarde, le de $1.00 que hizo falta. En este caso, matemáticamente, se dice que tengo −1 o debo $1.00, se lo que le debo al tendero.

Si observas bien, los números tienen un orden: el 2 va después del 1 y se dice que 2 es mayor que 1. En las escuelas, manejamos esto de manera gráfica con la llamada *recta numérica*.

Para entender mejor esto, aquí te presento lo que se llama *recta numérica*, la cual tiene la siguiente forma:

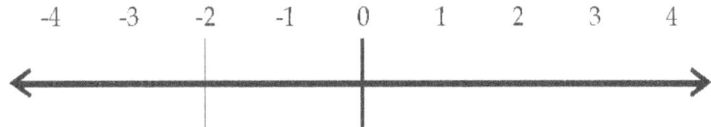

Observa que los números por la izquierda del cero son los mismos que hay por la derecha; pero van en el otro sentido y todos tienen el signo de la resta antepuesto. Estos son llamados *números negativos* y representan, en general, pérdidas o deudas. Por eso cuando te dicen que haces algo negativo, en realidad te están diciendo que haces algo *contrario a lo natural* o no correcto.

Existen, hoy en día, fundamentos científicos y arqueológicos con los que podemos asegurar que los mayas manejaron este tipo de número.

De hecho, se sabe que los números escritos en negro eran positivos para los mayas y en rojo, eran negativos.

Ahora, la pregunta obligada es: ¿cómo resto un número grande de otro pequeño, para que me de negativo?

La respuesta es muy simple: sólo invierte la resta y resta el número pequeño al grande y el resultado será negativo. En otras palabras, la regla que debes aprenderte es:

> *Sin importar el orden, siempre resta el número pequeño al mayor y al resultado dale el signo del número más grande.*

Por ejemplo, en la última resta del apartado anterior, tenemos:

1464 - 976 = 488

El resultado no tiene signo (en realidad es positivo), porque el número más grande (1464) tampoco lo tiene. Si restamos 976 - 1464, entonces tendríamos:

976 - 1464 = -488

El resultado es el mismo, pero ahora tiene signo negativo, porque el número más grande lo tiene.

Veamos un ejemplo: 875 - 1836.

Primero escribimos el número más grande.

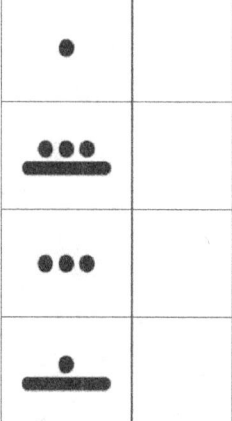

Primer nivel: Quitamos cinco de la primera columna y lo pasamos a la segunda columna:

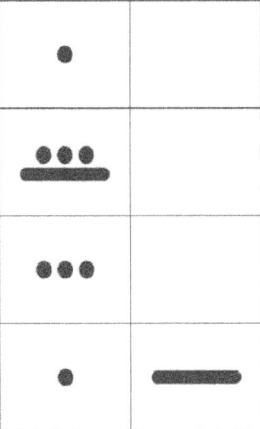

Segundo nivel: Para quitar siete, necesitamos bajar un punto:

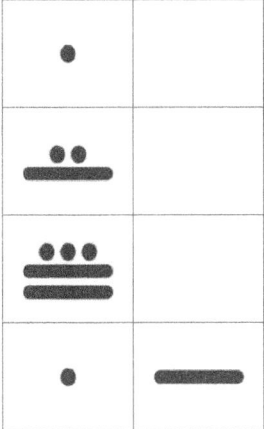

Ahora podemos quitar el siete:

Tercer nivel: Para quitar ocho, necesitamos bajar el punto del tercer nivel:

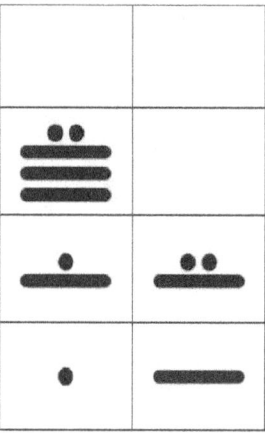

Y finalmente, quitamos el ocho:

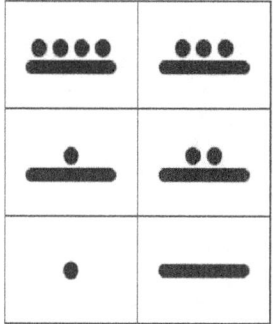

Ojo: Como el mayor de los dos tiene signo negativo, la respuesta es negativa: –961.

3.3. Hora de ejercitarte un poco más.

Cuando tu profesor te ponga a hacer tareas, recuerda dos cosas:
a. **Fransico Bacon** dijo: *No es lo que leemos o escuchamos, sino lo que recordamos lo que nos da sabiduría.*
b. **Benjamín Franklin** dijo: *Dime y lo olvido, enséñame y lo recuerdo, involúcrame y lo aprendo.*

Para que tú *recuerdes* mejor y *aprendas* lo que te han *enseñado*, *involúcrate*, y la mejor forma de involucrarse, es practicando.

1. Realiza las siguientes operaciones:
    a. 1234 – 456.
    b. 321 – 453
    c. 1256 + 456 – 452
    d. 54213 – 1256 – 423

2. Ahora, resuelve los siguientes problemas:
    a. Después de diez meses de ahorrar dinero para comprarme un juego de video, completé $128.00 y resulta que el juego ahora cuesta $156.00 ¿cuánto me falta para poder comprarme el juego que quiero?
    b. Hace unos días salimos de viaje con unos amigos y recorrimos 326 Km hasta llegar a un pueblo en donde, finalmente, preguntamos cómo llegar a nuestro destino; nos dijeron que ya nos habíamos pasado y deberíamos regresarnos 87 Km. ¿A qué distancia está nuestro destino de donde partimos?
    c. *¡No se puede hacer todo lo que se quiere!* Gritó mi hermano; necesitaba hacer 215 operaciones que le dieron en la escuela por portarse mal, hasta las 8:00 de la noche, sólo había hecho 124 ¿cuántos le faltaban?

4

Multipliquemos con los mayas.

Una de las operaciones que causa más pavor entre los estudiantes (hay dos); el simple hecho de nombrarla puede poner a temblar a muchos. ¿Será esta una operación que esconde el mapa de un tesoro o algo por el estilo? ¿Será por eso que no la entendemos a la primera?

Ni la mínima sombra de lo anterior, la multiplicación existe para hacernos la vida más fácil; pero parece que ella no se ha enterado aún, ya que, al contrario, parece estar dispuesta arruinarnos la vida.

Descifremos en este capítulo el secreto de la multiplicación.

4.1. El significado de la multiplicación.

¿En algún momento te han dichos tus profesores que la multiplicación es una *suma abreviada*? Antes de explicar cómo multiplicar, es importante entender que sí, la multiplicación (que los mayas llamaban *dzaac–xoc*), es una suma abreviada. Pongamos un ejemplo sencillo: Si decimos que queremos multiplicar 5 x 4, en realidad lo que queremos decir es que queremos *sumar* el cinco, cuatro veces o el cuatro cinco veces. Así: 5 + 5 + 5 + 5 = 20 ó también: 4 + 4 + 4 + 4 + 4 = 20.

Esta idea también la podemos usar con los mayas: en lugar de multiplicar, sumamos el mismo número muchas veces. El problema aparecerá cuando necesitemos multiplicar por números grandes ¡serían demasiadas sumas!

Entonces, ¡fácil! En vez de sumar varias veces, mejor nos aprendemos *diez tablas de multiplicar* (tú sabes mejor que yo que esto no es realmente fácil). Por cierto, ¿sabías que los mayas multiplicaban y nunca se aprendieron ninguna tabla de multiplicar? De hecho, algunos científicos despistados *no creían que los mayas hubieran sabido multiplicar*, y basaban sus conjeturas en el hecho de que la base maya era el 20 y, por lo tanto, hubieran necesitado aprenderse 20 tablas de multiplicar *¡qué difícil!*

Pero no, los mayas sabían multiplicar y nadie de ellos necesitó aprenderse ninguna tabla y lo hacían tan fácil que te voy a mostrar cómo lo hacían con dos números grandes: 431 x 123 (No creo que alguno de tus profesores te enseñe a multiplicar con números de esta magnitud).

4.2. La multiplicación de los mayas.

Para la multiplicación, vamos a cambiar un poco la tabla, vamos a utilizar una en donde escribamos los factores afuera: uno arriba y el otro a la izquierda, observa:

Recuerda que a cada número involucrado en la multiplicación se le conoce como **factor** y al resultado se le conoce como producto

	●	●●	●●●
●●●●	A	B	C
●●●	D	E	F
●	G	H	I

Dos notas importantes:
- Una regla matemática dice que el orden de los factores no afecta el producto. Uno arriba y el otro a la izquierda, no importa cual.

- Sólo para facilitar la explicación de este primer ejemplo, le puse nombre a cada celda; pero esto no es necesario.

Ahora, en cada celda vamos a poner lo que nos pide su encabezado y su lado izquierdo, observa:

- La primera celda (*A*) nos pide *cuatro veces un punto* o *una vez cuatro puntos*. Esto da cuatro puntos.
- La siguiente celda (*B*) nos pide *dos veces cuatro puntos* o *cuatro veces dos puntos*. Esto da ocho puntos.
- La siguiente celda (*C*) nos pide *tres veces cuatro puntos* o *cuatro veces tres puntos*.
- La celda *D* nos pide *tres veces un punto* o *una vez tres puntos*.
- La celda *E* nos pide *dos veces un punto* o *una vez dos puntos*.
- La celda *F* nos pide *tres veces tres puntos* o... ¡Ajá! Es lo mismo.
- La celda *G* nos pide *una vez un punto* o...
- La celda *H* nos pide *una vez dos puntos* o *dos veces un punto*.
- La celda *I* nos pide *una vez tres puntos* o *tres veces un punto*.

Finalizando así con todas las celdas, te quedará una tabla como la siguiente:

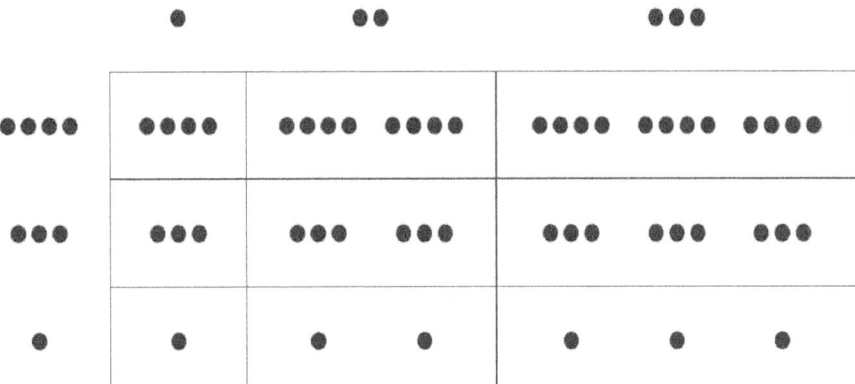

Recuerda que si estás multiplicando 4 x 2, por ejemplo, es más fácil escribir *dos números cuatro* y no *cuatro números dos*. Da lo mismo, pero es más fácil; no se porqué, pero yo en particular, prefiero poner *menos números grandes* y no *más números pequeños*.

¿No te marean demasiados puntos? Entonces vamos a simplificarlos como ya sabemos: *cinco puntos pasan a ser una barra*:

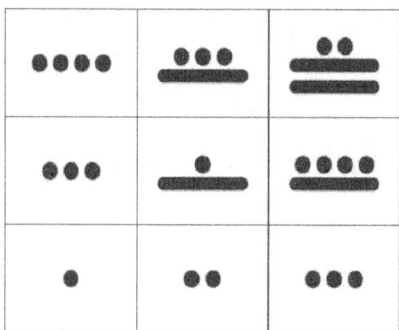

Observa que los números de afuera de la tabla también los borré, ya no nos sirven, han cumplido su objetivo. Lo que nos importa ahora son los números dentro de la tabla.

Ahora otro cambio: Vamos a extraer el resultado (crearemos otra tabla) por medio de la suma de las diagonales, de la siguiente manera:

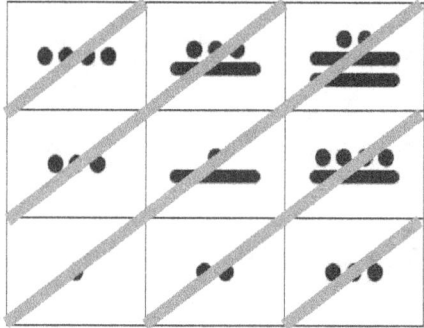

Observa que esta tabla es la misma que la anterior, hasta ahora sólo se le han aumentado las diagonales, ningún cambio más.

Como, en este caso, quedaron cinco diagonales, el resultado es de, cuando menos, cinco dígitos, los cuales salen de unir o sumar todos los puntos y barras de cada diagonal; y digo cuando menos, porque puede ser que dos barras tengan que ser desplazadas hacia arriba como un punto, creando un dígito más.

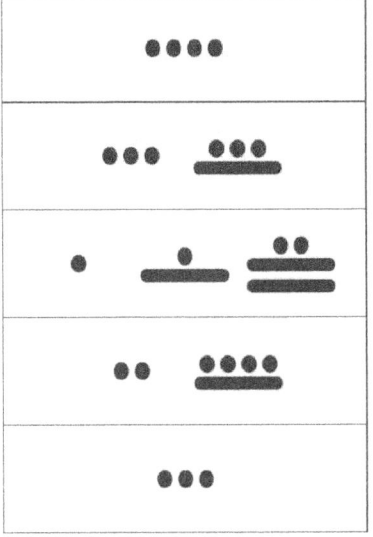

Estos son todos los puntos y barras de la primera diagonal

Estos son todos los puntos y barras de la segunda diagonal

... y así sucesivamente.

Ahora simplificamos. Primero *cinco puntos por una barra*:

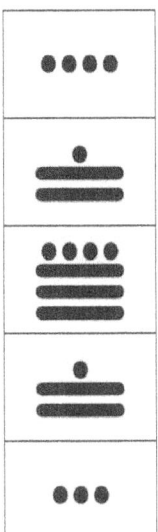

Educad a los niños y no tendréis que castigar a los hombres.

Finalmente, simplifiquemos *dos barras suben como un punto*:

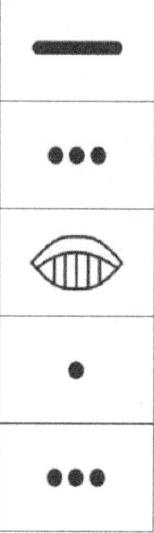

El resultado: 53013 ¿tienes una calculadora? ¡Comprueba que este resultado es correcto!

4.3. La multiplicación sin secretos.

Hemos hecho en el apartado anterior una multiplicación de manera bastante sencilla ¿por qué en nuestro sistema de numeración se hace tan complicada esta operación? Bueno, eso es un problema un tanto difícil de explicar; pero ten en cuenta que los mayas tenían sólo **tres guarismos** y nosotros tenemos **diez dígitos**.

Es muy importante entender que, a veces, la multiplicación no es tan simple como la suma; *aunque esto no quiere decir que sea difícil*. De lo que debes tener cuidado es de no confundirte al poner los puntos y barras necesarios.

Cuando la multiplicación involucra dígitos grandes, los puntos y las barras se pueden hacer muchos, muchísimos; pero recuerda que tenemos las reglas de simplificación.

De hecho, cualquier estudiante *avanzado en la multiplicación* puede ver que las tablas de multiplicar se pueden utilizar para simplificar el primer paso; pero esto no es necesario (¡de eso estamos huyendo!), y te lo voy a mostrar con un ejemplo que involucre multiplicación de dígitos grandes.

Supongamos que queremos multiplicar 948 x 78. La tabla de multiplicar quedaría de la siguiente manera:

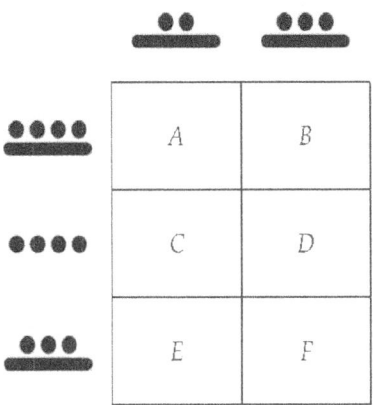

Ahora, en cada celda vamos a poner lo que nos pide su encabezado y su lado izquierdo.

Aquí viene la nota importante para los dígitos grandes: Esto lo podemos hacer más "simple" si sabemos que, para la celda A, por ejemplo, necesitamos 9 x 7 = 63 y por lo tanto, podemos escribir el número como 12 barras (lo cual suma 60) y tres puntos (que en total son los 63 que necesitamos); pero si *no conoces las tablas de multiplicar*, puedes poner siete nueves y después simplificar con las reglas de "convertir cinco puntos por una barra" y "dos barras suben como un punto".

Esta es la ventaja que tienen las matemáticas de los mayas y la razón por la cual no necesitaron nunca aprenderse ninguna tabla de multiplicar.

En nuestro sistema, poner siete nueves y sumarlos es casi igual de complicado que multiplicar 7 x 9 y no se compara con aplicar las reglas de los mayas.

Si bien es cierto que esto es más tardado, lo importante en una operación matemática es que sea correcta, no rápida, ¿o piensas diferente a mí?

Quien nada duda, nada sabe.

Llenando la tabla, tenemos:

De nuevo tenemos una tabla con demasiados puntos. Entonces vamos a simplificarlos como ya sabemos: *cinco puntos pasan a ser una barra*:

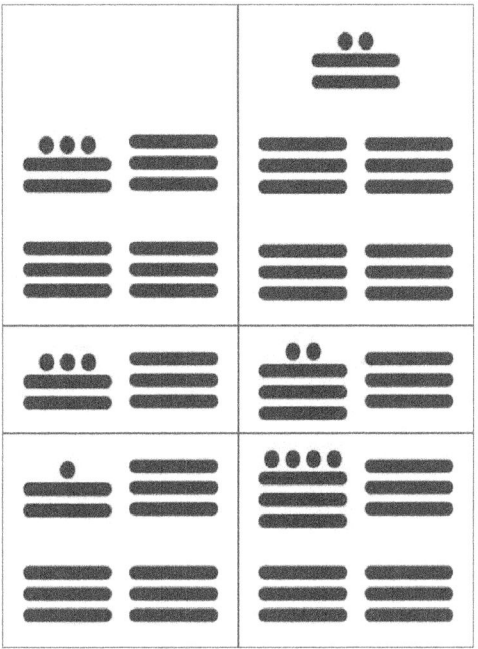

Y *dos barras suben como un punto*:

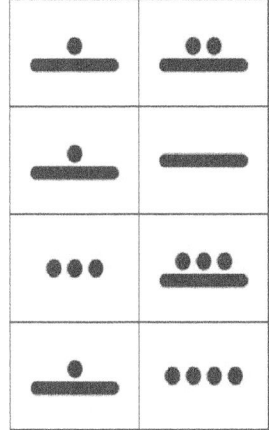

La tabla ha quedado más simple; los guarismos se pueden manejar más fácilmente.

Ahora vamos a extraer el resultado (crearemos otra tabla) por medio de la suma de las diagonales, de la siguiente manera:

Ahora simplificamos. Primero, y de nuevo, *cinco puntos por una barra*; después *dos barras suben como un punto*:

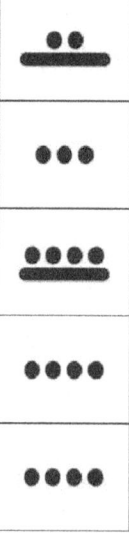

El resultado: 73944 ¿tienes una calculadora? ¡Comprueba que este resultado es correcto!

Ahora, vale la pena recalcar algo: Desde el segundo capítulo, te dije que hicieras estos ejemplos con maicitos y ramitas; aquí, en papel, el proceso se ve un poco aparatoso, con maicitos y ramitas es más fácil. En la multiplicación, muchos pueden desanimarse pensando que esto es más difícil que la forma tradicional, *¡hazlo!* y *te darás cuenta que no lo es.*

Por otro lado, recuerda que la práctica hace al maestro, si practicas, te aseguro que en poco tiempo habrás dominado la multiplicación de los mayas a tal grado, que se te hará siempre más fácil multiplicar como ellos en lugar de hacerlo como te lo enseñaron en la escuela.

4.4. Más y más ejercicios.

¡No! No estoy tratando de hacerte la vida de cuadritos; al contrario, mientras más practiques, más rápido aprendes y más fácil se te hacen las operaciones. ¡Practica! Ese es el secreto del aprendizaje.

1. Realiza las siguientes operaciones:
   a. 541 x 452
   b. 352 x 23
   c. 1429 x 152
   d. 45 x 13354

2. Ahora los problemas:
   a. Realizando un trabajo para la escuela, me pidieron recortar unas figuras para llenar una tabla que tenía 45 columnas y 13 filas ¿cuántas figuras necesito?
   b. Quiero ayudar a mi padre, necesita cambiar los ladrillos de la casa, pero no sabe cuántos comprar. Se me ocurrió tomar uno viejo que encontré tirado del mismo tamaño que los que quiere comprar; fui a una esquina y marqué hasta dónde llega un ladrillo, a partir de esa marca, marqué el segundo ladrillo, y así, recorrí toda la habitación. Resultó que por dos lados opuestos se requieren 35 ladrillos y para los otros dos lados, se requieren 33; pero ¿cómo le hago para saber cuántos son en total?
   c. ¡Encontré trabajo para las vacaciones! Un señor me va dar $1.00 por cada caja de su producto que entregue a domicilio. Me dijo que, generalmente, piden 79 cajas por semana, si trabajo un mes ¿cuánto debo esperar que me pague?

5

Dividamos con los mayas.

Este es la otra de las operaciones que causa pavor entre los estudiantes; el simple hecho de nombrarla, no sólo pone a temblar a muchos, también les quita el sueño.
Espero que, como a mi, la multiplicación se te haya hecho fácil, ya que la división entre los mayas era casi tan fácil como la multiplicación, ya que ésta no involucra tantos puntos y barras como la multiplicación.

5.1. El significado de la división.

Importante es recalcar que si las operaciones anteriores no han sido perfectamente *entendidas* y *practicadas*, **no debes continua leyendo**, te puedes complicar con la división.

Al igual que con la resta y la suma, la división es la operación contraria a la multiplicación. ¿Recuerdas que la multiplicación es una suma abreviada? Por lo tanto, la división es una resta abreviada. Por cierto, a la división los mayas le llamaban *hatzil–xocil*.

El nombre de la resta se debe leer como: *jatzil – xokil.*

Para entender mejor porqué se dice que la división es una resta abreviada, pongamos un ejemplo como los que usan los profesores: Supongamos que tenemos nueve manzanas y las queremos *repartir* o *dividir* entre cuatro niños.

Paso a paso, primero le daremos una a cada niño, *restando* cuatro manzanas a las nueve que tenemos. Nos quedan cinco.

Después, como tenemos suficientes manzanas aún, le damos una más a cada uno de los niños, *restándolas* de las cinco que tenemos. Ellos ahora tienen dos y nosotros nos quedamos con una.

Ya no podemos repartir más y que todos los niños tengan la misma cantidad; por lo tanto, la división ya se acabó y el resultado es: *dos manzanas a cada niño y sobra una*. En otras palabras, 9 / 4 = 2 y sobra 1.

¿Te fijaste? La división *sí* es una resta abreviada. Además, cada elemento de la división tiene un nombre; en el ejemplo, el nueve es el *dividendo* (el que se va dividir), el cuatro es el *divisor* (el que divide), el dos es el *cociente* (el nombre proviene de la palabra latina *quot* que significa *cuántos*, cuántas veces se pudo restar) y el uno es el *resto* o *residuo* (lo que quedó después de dividir).

5.2. La división de los mayas.

Esta idea de que la división es contraria a la multiplicación, nos va servir mucho, ya que vamos a realizar el proceso contrario al que hicimos en el capítulo anterior. Para entender el proceso, vamos a hacer una división, para ejemplificar. Vamos a dividir 53013 / 431.

Lo primero es escribir el *dividendo* en una tabla por afuera de la tabla para dividir:

En este caso, el *53013* es el **dividendo** y el *431* es el **divisor**.

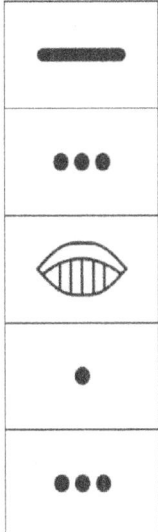

Ahora, un paso importante: *creamos una cuadrícula que tenga tantas filas como guarismos tiene el divisor y ciertas columnas hasta completar tantas diagonales como guarismos tiene el dividendo.*

Observa:

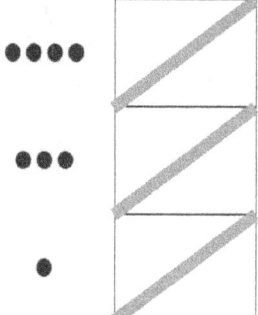

El número de filas es tres, ya que el divisor tiene tres guarismos (431). Con una sola columna, se crean *tres* diagonales; pero el dividendo tiene cinco guarismos, por lo tanto, aumentamos una columna más.

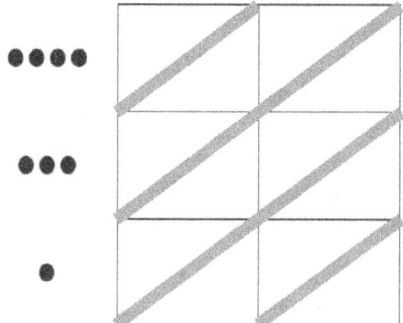

Ahora tenemos cuatro diagonales; una columna más y queda:

Aquí vamos a poner el cociente

A	B	C
D	E	F
G	H	I

Ahora son cinco diagonales. Estamos listos para hacer la división.

La división entre los mayas es como un juego de restas. Lo que vamos a hacer es lo siguiente:

1a. diagonal. ¿Cuántas veces puedo restar cuatro puntos (el primer guarismo del divisor) en una barra (el primer guarismo del dividendo)? Una vez y sobra un punto; por lo tanto el primer guarismo del cociente es uno y el uno que queda en el dividendo, lo bajamos como dos barras en el siguiente nivel:

El nuevo dividendo:

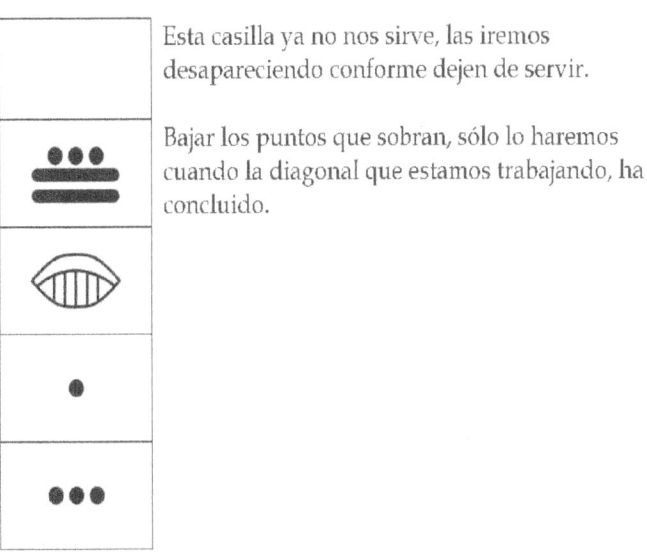

Esta casilla ya no nos sirve, las iremos desapareciendo conforme dejen de servir.

Bajar los puntos que sobran, sólo lo haremos cuando la diagonal que estamos trabajando, ha concluido.

Y la tabla de dividir queda:

← *El cociente se empieza a formar*

●●●●	●●●●	B	C
●●●	D	E	F
●	G	H	I

Recuerda que las letras de las celdas son sólo una referencia.

2a. diagonal. Para la celda D, como si fuera una multiplicación, se requieren tres puntos. Quitamos esos puntos (*los restamos del dividendo*) y quedan dos barras.

Para la celda B sí necesitamos restar, ¿cuántas veces podemos restar cuatro puntos de dos barras? Dos veces y sobran dos puntos, los cuales bajan como cuatro barras, ya que la diagonal ha concluido.

El nuevo dividendo:

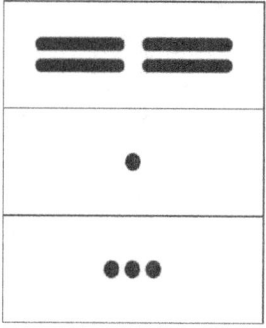

Y la tabla de dividir queda:

	•		••
••••	••••	•••⎯	C
•••	•••	E	F
•	G	H	I

3a. diagonal. Para la celda G, como si fuera una multiplicación, se requiere un punto, el cual restamos como ya sabemos. Quedan tres barras y cuatro puntos.

Para la celda E, como si fuera una multiplicación, se requiere una barra y un punto. Quedan dos barras y tres puntos.

Para la celda C, restamos de nuevo: ¿cuántas veces podemos restar cuatro puntos en dos barras y tres puntos? Tres veces y sobra un punto, el cual baja como dos barras (diagonal concluida).

El nuevo dividendo:

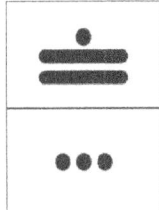

Y la tabla de dividir queda:

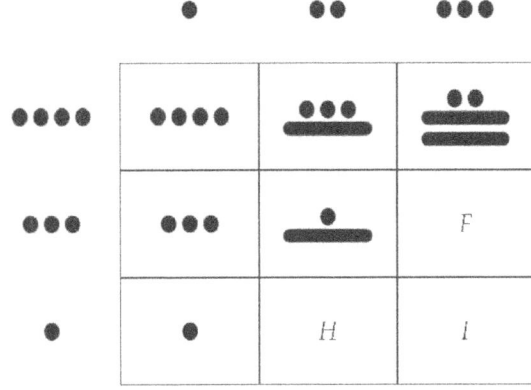

4a. diagonal. Para la celda *H*, como si fuera una multiplicación, se requieren dos puntos. Queda una barra y cuatro puntos.

Para la celda *F*, se requiere una barra y cuatro puntos. No queda nada para bajar.

El nuevo dividendo:

Capacítese hoy para un mejor mañana.

Y la tabla de dividir queda:

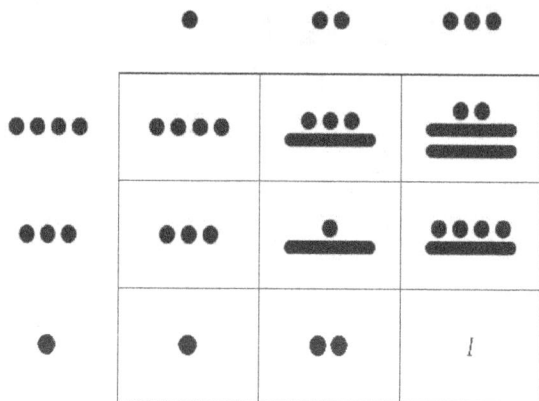

5a. diagonal. Para la celda *I*, como si fuera una multiplicación, se requieren tres puntos, los cuales son los que tenemos en el dividendo. Ponerlos en la celda *I*, acaba con el dividendo, lo cual significa que *la división no tiene resto o residuo* y la tabla de dividir queda completa.

Importante es recalcar que lo que acabamos de crear con el nombre de *división*, es una *tabla de multiplicar*; pero lo hicimos en sentido contrario. Además de que debemos notar que los guarismos dentro de la tabla, no fueron simplificados con las reglas que ya conocemos; esto no es necesario, la respuesta se lee en la parte superior, los demás elementos sólo son auxiliares.

Así, la tabla completa del ejemplo anterior y remarcando la respuesta es:

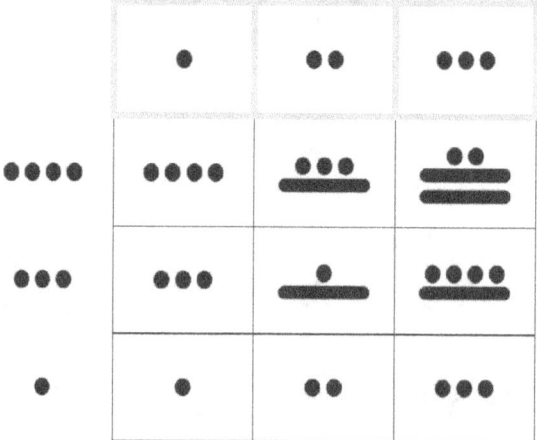

¿El resultado?: 53013 / 431 = 123 y no sobra nada.

5.3. Un paso más en la división de los mayas.

Al igual que en la multiplicación, la división es un poco delicada y merece mucho cuidado al realizarla. Para ejemplificar esto, vamos a ver cómo se hace una división que no resulte tan simple como la anterior, pero no difícil.

Vamos a realizar: 1215 / 56.

El dividendo:

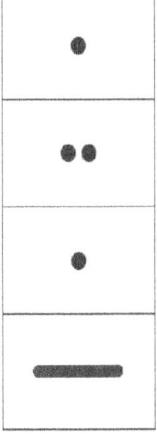

Y la tabla de dividir:

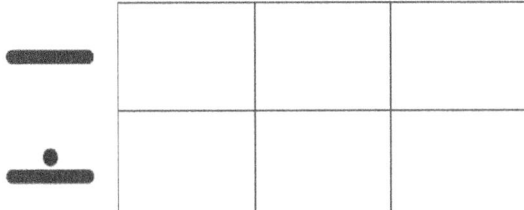

Verifica que las diagonales son tantas como guarismos tiene el dividendo, recuerda que esto es importante.

1a. diagonal. ¿Cuántas veces podemos restar una barra (el primer guarismo del divisor) en un punto (el primer guarismo del dividendo)? *¡Ninguna!* Desde aquí tenemos problemas; pero esto se resuelve muy fácil, bajamos ese punto como dos barras:

El nuevo dividendo:

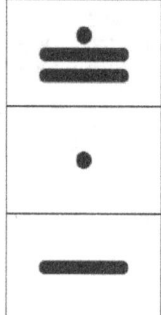

Y la nueva tabla de dividir:

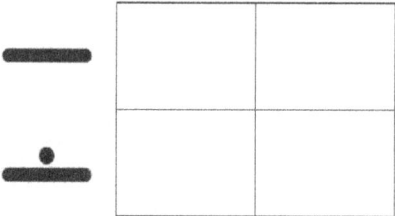

¡Superimportante!: ¿Te fijaste? La nueva tabla de dividir tiene una columna menos, porque el dividendo tiene un guarismo menos; *pero esto sólo se hace en la primera diagonal.* Si bajas puntos como barras en otra diagonal que no sea la primera, no quites columnas. Verifica que las diagonales coinciden con el número de guarismos del dividendo.

1a. diagonal. ¿Cuántas veces podemos restar una barra (el primer guarismo del divisor) de dos barras y dos puntos (el primer guarismo del dividendo)? Dos veces y sobran dos puntos, los cuales bajan como cuatro barras (diagonal concluida).

El nuevo dividendo:

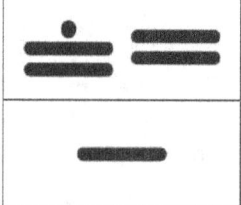

Y la tabla de dividir:

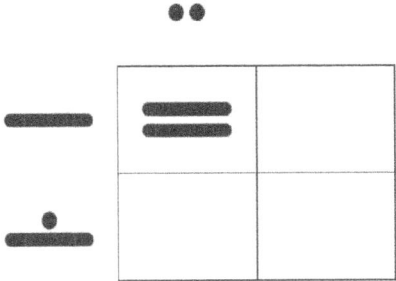

2a. diagonal. En la celda de abajo, necesitamos dos veces una barra y un punto y lo restamos del dividendo:

El nuevo dividendo:

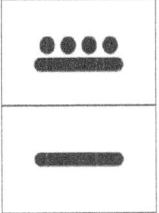

Y la tabla de dividir:

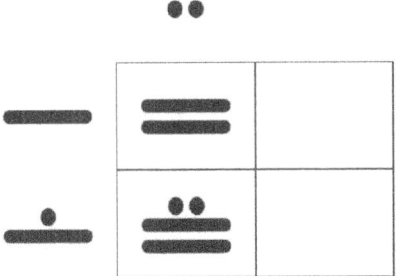

¡Cuidado! No hemos terminado la segunda diagonal. Para la siguiente celda de la segunda diagonal, ¿cuántas veces podemos restar una barra de una barra y cuatro puntos? Una vez y nos quedan cuatro puntos, los cuales bajan como ocho barras (ahora ya concluimos).

El nuevo dividendo:

Y la tabla de dividir:

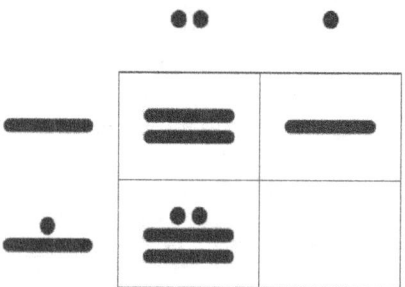

3a. diagonal. Necesitamos una vez una barra y un punto y lo restamos del dividendo:

El nuevo dividendo:

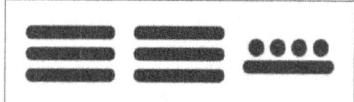

Y la tabla de dividir:

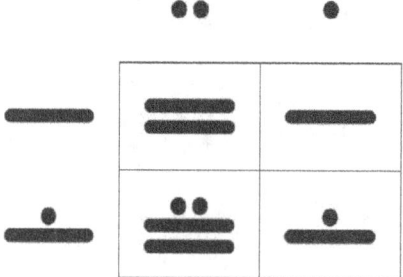

Sólo nos queda simplificar el dividendo que se ha convertido en el *resto* o *residuo*. Dos barras suben como un punto:

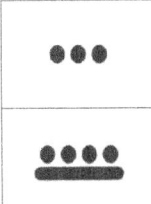

El resultado es: 1215 / 56 = 21 y sobran 39.

Es importante recalcar que el *residuo* **nunca debe ser mayor al** *divisor*, ya que en caso contrario, la división sería incorrecta. Verifica siempre esto para asegurarte que no hubo confusiones.

5.4. Un poco de cuidado en la división de los mayas.

Un punto más que hay que resaltar en la división de los mayas es que, en ocasiones, cuando no se puede realizar la resta, como en el ejemplo anterior, pero no en el primer paso, sino en uno siguiente, es necesario retroceder un poco para adaptar las tablas de acuerdo a lo necesario. Este proceso se vuelve un poco delicado si entendemos que al usar elementos físicos, necesitamos regresar puntos del divisor al dividendo y modificar el cociente.

Para aclarar esto y, como siempre, vamos a realizar un ejemplo más en donde pase esto, para ver cómo tratarlo. Dividamos 2523 / 168

El dividendo:

Y la tabla de dividir:

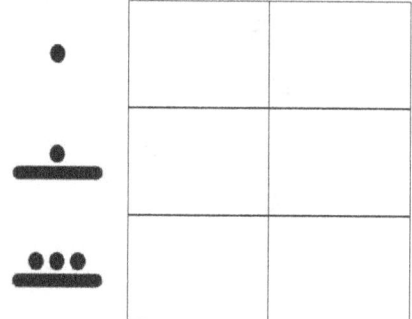

No te olvides de verificar que las diagonales sean tantas como guarismos tiene el dividendo. Este paso es importante, aunque no lo parezca, ya que la solución puede ser errónea.

1a. diagonal. ¿Cuántas veces podemos restar un punto (el primer guarismo del divisor) de dos puntos (el primer guarismo del dividendo)? Dos veces y no sobra nada:

El nuevo dividendo:

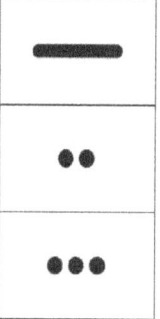

Los libros deben ser como los amigos, el contenido debe ser mejor que la portada.

Y la tabla de dividir:

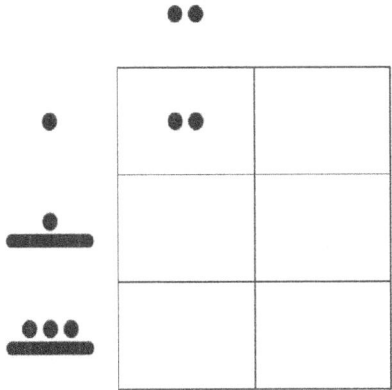

2a. diagonal. *Necesitamos* en la tabla dos barras y dos puntos, y sólo tenemos una barra en el dividendo; así que en el paso anterior, la respuesta no es *dos*, sino *uno* y el punto que sobra, baja como dos barras.

El nuevo dividendo:

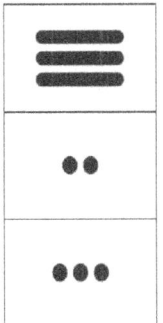

Nunca consideres el estudio como una obligación, sino como una oportunidad para penetrar en el bello y maravilloso mundo del saber.

Y la tabla de dividir:

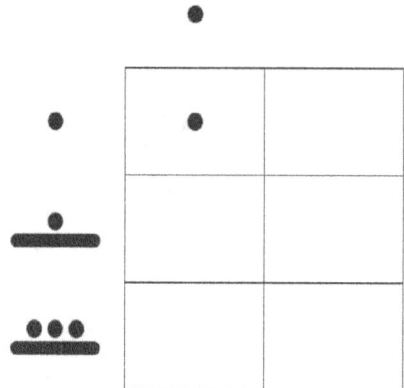

2a. diagonal (de nuevo). Le restamos un punto y una barra para la primera celda y quedan una barra y cuatro puntos. ¿Cuántas veces podemos restar un punto de una barra y cuatro puntos? Nueve veces y no sobra nada.

El nuevo dividendo:

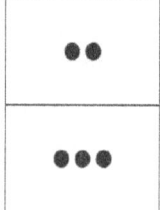

Y la tabla de dividir:

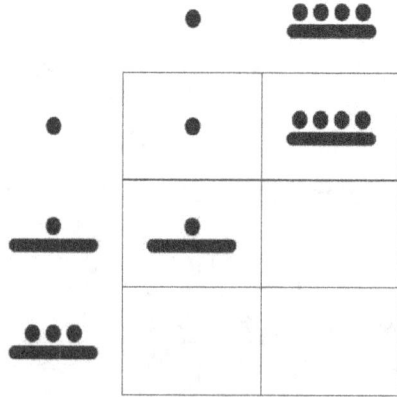

3a. diagonal. *Necesitamos* una barra y tres puntos y sólo tenemos dos puntos; por lo tanto, en el paso anterior debimos poner una barra y *tres* puntos y el punto que sobra, baja como dos barras.

El nuevo dividendo:

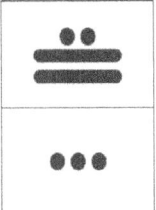

Y la tabla de dividir:

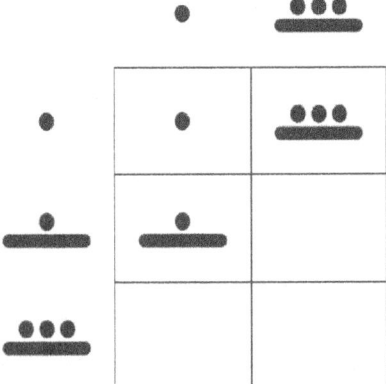

3a. diagonal (de nuevo). En la primera celda de la diagonal ponemos una barra y tres puntos y quedan cuatro puntos. *Necesitamos* seis veces una barra y tres puntos y sólo tenemos cuatro puntos; por lo tanto, en el paso anterior debimos poner una barra y *dos* puntos y el nuevo punto que sobra, baja como dos barras.

El nuevo dividendo:

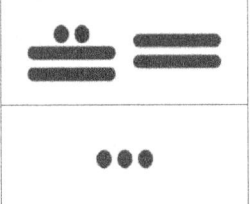

Y la tabla de dividir:

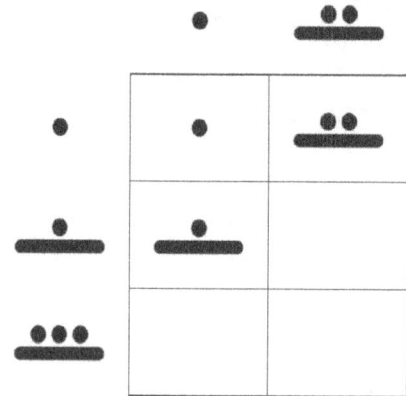

3a. diagonal (y va de nuevo). En la primera celda de la diagonal ponemos una barra y tres puntos y quedan tres barras y cuatro puntos. *Necesitamos* seis veces una barra y tres puntos ¡aún no alcanzan! Bajemos un punto más como dos barras más.

El nuevo dividendo:

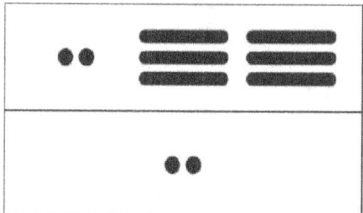

Y la tabla de dividir:

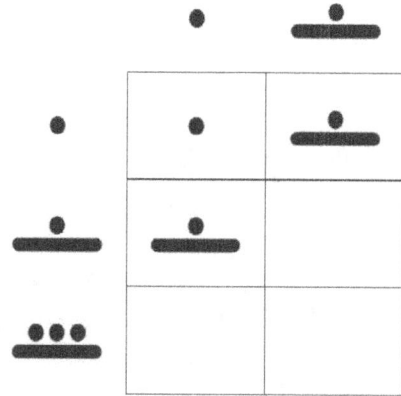

3a. diagonal (otra vez). En la primera celda de la diagonal ponemos una barra y tres puntos y quedan cuatro barras y cuatro puntos. *Necesitamos* seis veces una barra y tres puntos ¡aún no alcanzan! Bajemos un punto más como dos barras más.

El nuevo dividendo:

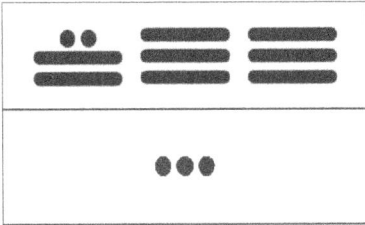

Y la tabla de dividir:

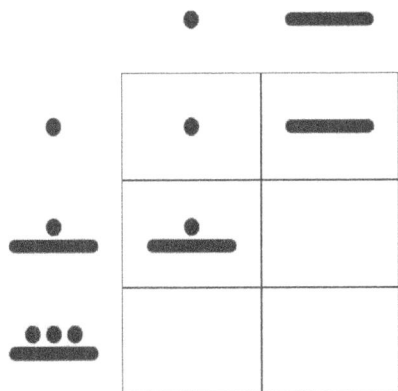

3a. diagonal (esperemos que por última vez). En la primera celda de la diagonal ponemos una barra y tres puntos y quedan seis barras y cuatro puntos. Para la siguiente celda, *necesitamos* cinco barras y cinco puntos (o seis barras). Ahora sobran cuatro puntos que bajan como ocho barras.

El nuevo dividendo:

Y la tabla de dividir:

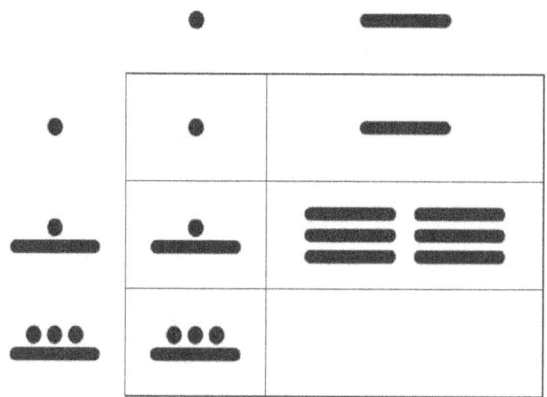

4a. diagonal. En la última celda de la diagonal ponemos ocho barras y quedan tres puntos.

La tabla de dividir final:

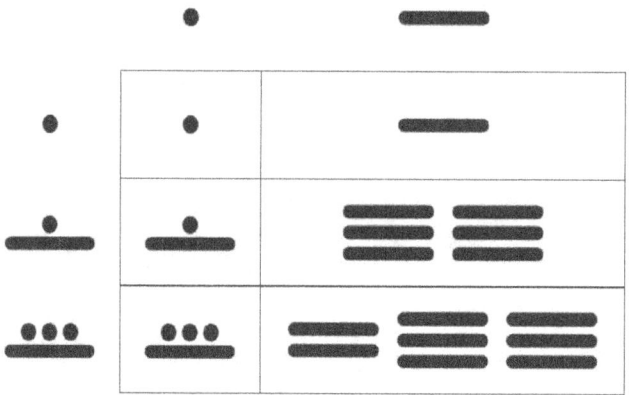

El resultado es: 2523 / 168 = 15 y sobran 3.

Seamos realistas: La división entre los mayas *no* es un proceso difícil, pero *sí un poco delicado*, y por otro lado, también debemos tener en cuenta que realizándola con algo físico y no con lápiz y papel, simplifica sustancialmente el proceso. Una vez más, te recomiendo que hagas los ejemplos y ejercicios físicamente.

5.5. Hora de ejercitarte más.

No hagas esas muecas, no pongas esa cara; todo es por tu bien, aunque no lo creas... y sé que no lo crees, pero así es.

1. Realiza las siguientes divisiones.
   a. 15145 / 128
   b. 46667 / 238
   c. 1246585 / 9815
   d. 654778 / 5456

2. Resuelve los siguientes problemas.
   a. La biblioteca de nuestra escuela tiene 34589 libros y en nuestra escuela somos 315 niños en total; si todos sacáramos la misma cantidad de libros y pudiéramos pedir prestado todos los posibles ¿cuántos libros podríamos tener?
   b. ¡Ya vamos a salir de la primaria! El banquete, el salón de baile y todo lo demás, nos va costar $11340.00 y somos 32 niños, si cada uno lleva a sus papás y un hermano ¿cuánto va costar cada platillo por persona?
   c. Mi padre está intentando comprar un auto nuevo y le dijo a mi madre que una agencia le ofreció un auto en $145230.00 si lo compraba a 12 meses sin interés; pero aún no se decide pues no sabe si podrá pagar las mensualidades. Para saber, necesita conocer la cantidad exacta que pagará cada mes y yo quiero ayudarle ¿cuánto pagaría por el auto si lo compra en esas condiciones?
   d. Finalmente, mi padre se decidió por otro auto que le ofrecieron en $126450 a 18 meses sin interese; creo que el auto es más pequeño, pero dijo que pagará menos por mes ¿cuánto pagará mi padre?

6

Puntos decimales y vigesimales.

Después de entender cómo los antiguos mayas dividían, surge una pregunta interesante: ¿podían los mayas dividir con parte vigesimal? (Recuerda que la base de los mayas era 20 –de aquí vigesimal–, y no 10 –de aquí decimal–, como la nuestra). La respuesta es sí, de hecho, también podían multiplicar con vigesimales. Si existen palabras mayas que significan fracción (xett) y residuo (u yala), entonces es casi seguro que supieron como dividir dejando residuo y también con fracción vigesimal. Lo que aún no se conoce es el símbolo que usaban como separador de la parte entera y la fraccionaria.

6.1. Las fracciones vigesimales y decimales.

Los números que hasta ahora hemos trabajado se llaman *enteros*, debido a que representan cosas completas o enteras; así si decimos $50.00, estamos hablando de *cincuenta monedas enteras de un peso cada una*. Aunque tengamos un billete, ese billete está representando a las monedas.

El muchas ocasiones, es necesario trabajar con *fragmentos* de esas unidades; por ejemplo, no debes comerte un pastel entero, ya que te haría daño, te comes un pedazo... o dos. Si el pastel lo dividimos en cinco partes iguales y tomamos dos de ellas, entonces lo representamos como:

$$\frac{2}{5}$$

Esto se lee *dos quintos*, pero puedes verlo como *dos partes de cinco*, donde *cinco partes* forman el *todo*.

Este número también lo puedes ver escrito en libros como 2 / 5, ¿te acuerdas dónde has visto esta forma escribir los números? *Sí, es una división*.

Pero dividir *dos* manzanas entre *cinco* niños no se puede; bueno, corrijo: *sí* se puede, pero les va tocar *una fracción de manzana*, nadie tendrá una manzana entera.

Si realizamos la división, el resultado sería:

2 / 5 = 0.4

A este tipo de números se les conoce como *decimales* y representan una fracción de la unidad (*1*). La fracción decimal se separa de la parte entera de un número por medio del *punto decimal*. Los mayas tenían la base 20, por lo tanto, manejaban *fracciones vigesimales*. Las cuatro operaciones básicas, se pueden realizar con decimales.

6.2. La suma con decimales.

Sumar números con fracción decimal es muy fácil; de hecho, es lo mismo, lo único que debemos tener en cuenta es que los *puntos decimales* estén todos en el mismo nivel.

El problema para nosotros es que *no sabemos cuál fue el elemento que los mayas usaban como separador de enteros con vigesimales*. Nosotros usamos el punto; los mayas, no se sabe.

Para tus cálculos, puedes usar un grano de maíz si usas frijoles, o un frijol si usas maicitos, o cualquier otra cosa diferente a tus "puntos" y "rayas". Yo, separaré la parte entera de la parte decimal por medio de una línea gruesa en la tabla.

Para entender todo esto, vamos a realizar la siguiente suma:
1436.43 + 238.1267 + 6396.45

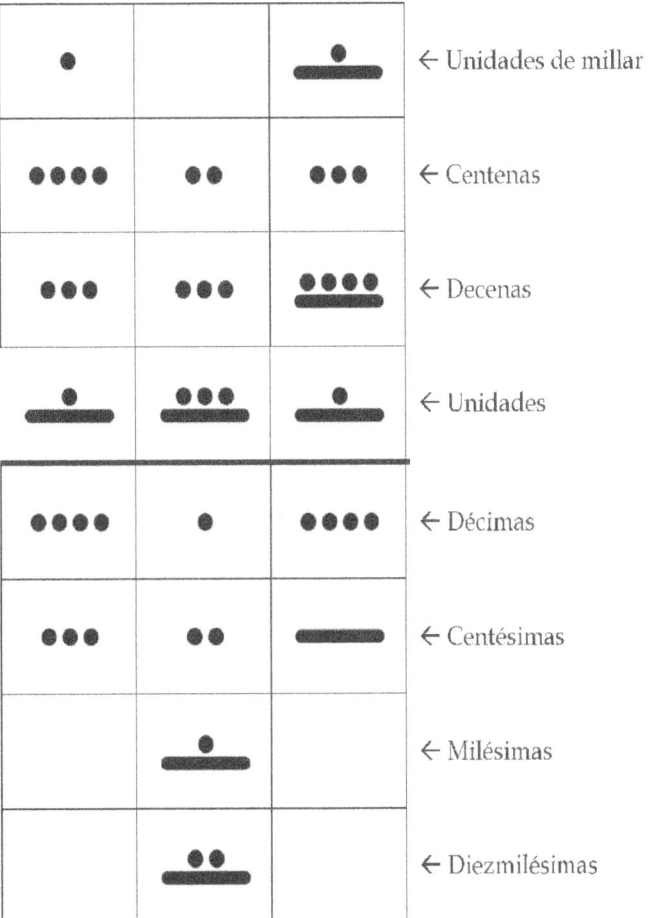

← Unidades de millar

← Centenas

← Decenas

← Unidades

← Décimas

← Centésimas

← Milésimas

← Diezmilésimas

¿Te fijaste? Lo único que tienes que cuidar es que *las unidades, las decenas, las centenas y demás, de todos los números estén en la misma fila.*

Ojo por ojo y el mundo acabará ciego, mente por mente y el mundo acabará inteligente.

Ahora, el proceso para sumar es el mismo; primero los unimos todos, nivel a nivel, observa:

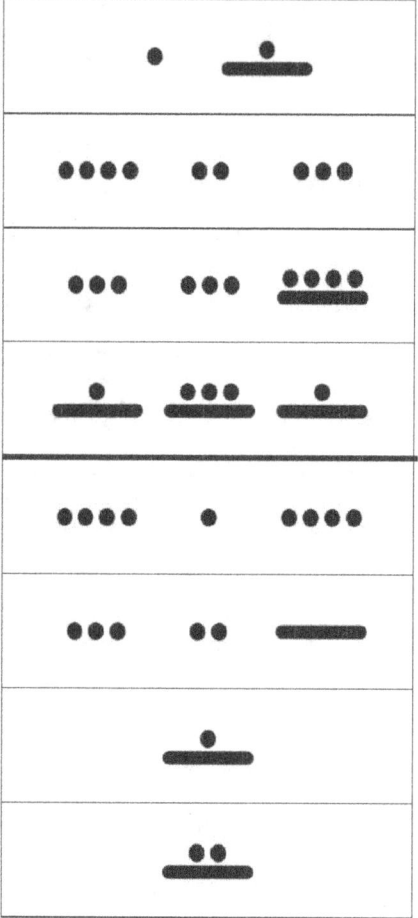

Y simplificamos como ya sabemos, desde lo más bajo, hacia arriba:

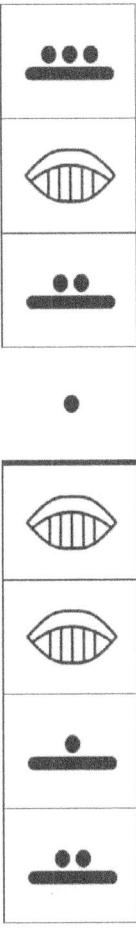

La suma total es: 8071.0067

6.3. La resta con decimales.

¿Puedes adivinar cómo hacían los mayas la resta con fracción vigesimal?

Sí, exactamente igual; pero teniendo en cuenta dónde queda el separador de enteros con fracciones... Aunque no sepamos cuál era este separador.

Para que esto quede claro, hagamos una resta de dos números con decimales.

Vamos a restar 438.35 – 182.456

Importante: Observa que el *sustraendo* tiene un dígito más que el *minuendo* en la parte fraccionaria; por lo tanto debemos ver la resta de la siguiente manera: 438.350 – 182.456

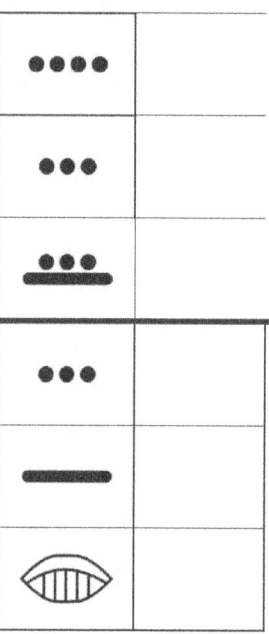

La buena educación de un pueblo se ve reflejada en su grandeza.

Para el guarismo de más abajo, necesitamos seis y no tenemos nada; así que bajamos un punto como una barra y cinco puntos.

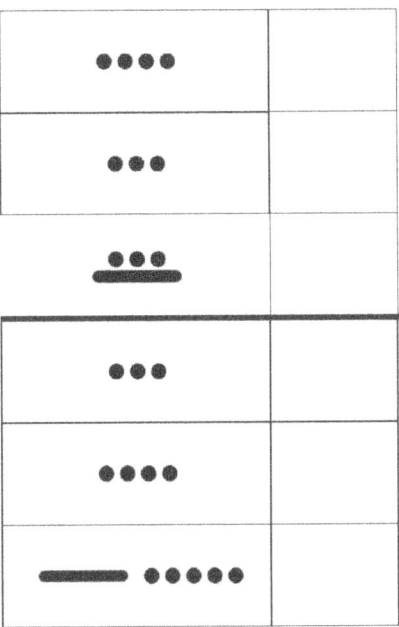

De todas las victorias humanas, le compete al maestro, en gran parte, el mérito. De todas las derrotas, en cambio, su responsabilidad.

Ahora sí podemos restar el seis:

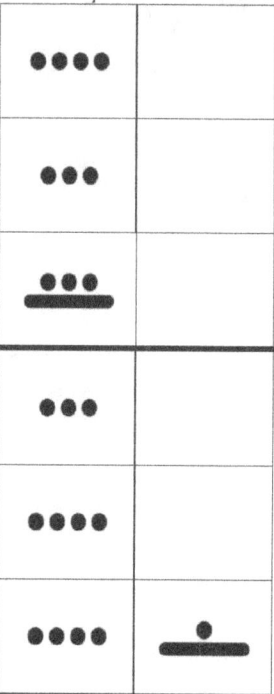

Para el siguiente guarismo, bajamos un punto como dos barras.

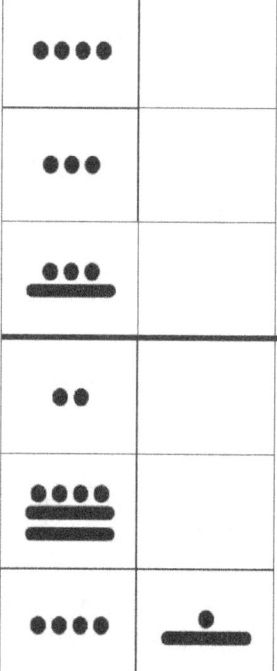

Y restamos el cinco:

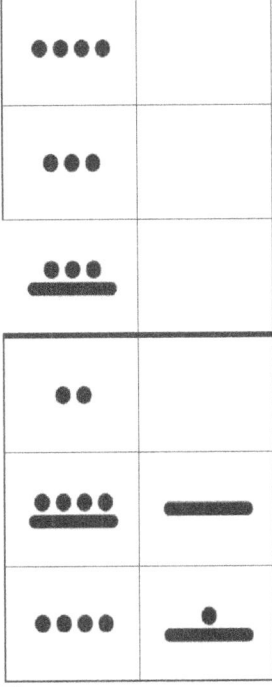

El mismo proceso para restar el cuatro que necesitamos:

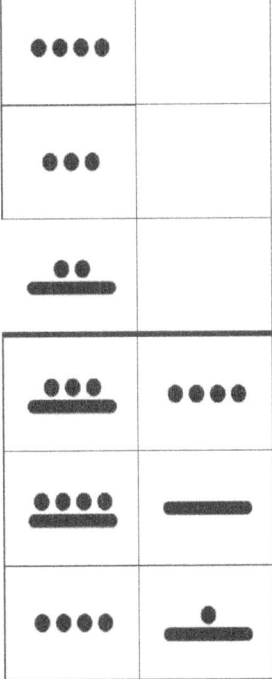

Ahora restamos dos:

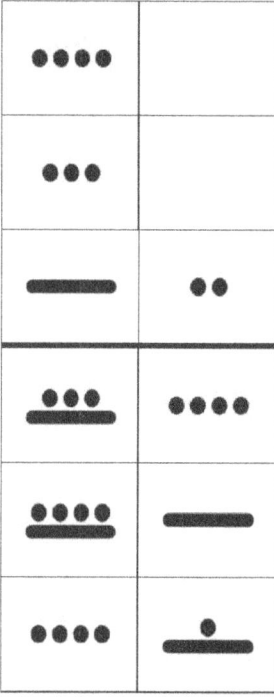

Para restar ocho, bajamos un punto como dos barras:

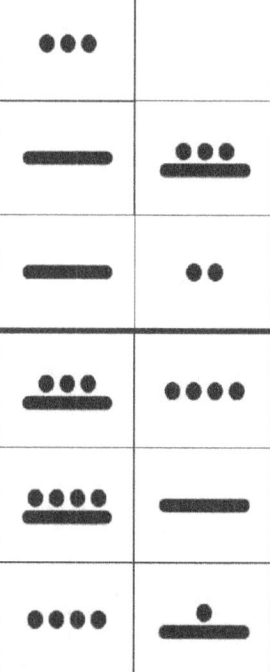

Y finalmente, restamos uno:

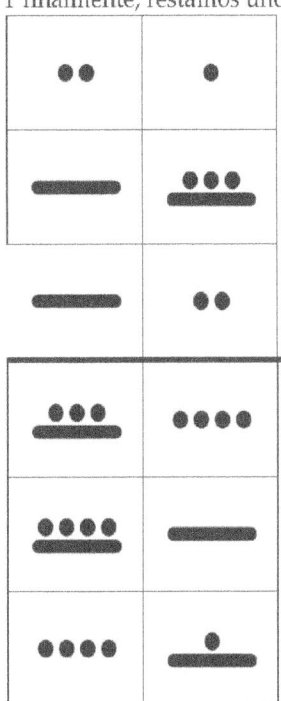

El resultado: 255.894

Las dos primeras operaciones han sido ampliadas a decimales; sólo faltan las otras dos.

6.4. La multiplicación con decimales.

Sí, antes de que preguntes, la multiplicación es igual; pero... (nunca falta un bicho en la sopa), aquí hay que tener cuidado con *no subir dos barras como un punto, sino hasta que el producto esté fuera de la tabla*, esto es para evitar que se nos pierda la posición del punto decimal. Para que esto quede claro, hagamos una multiplicación con decimales.

Vamos a multiplicar 25.12 x 83.3

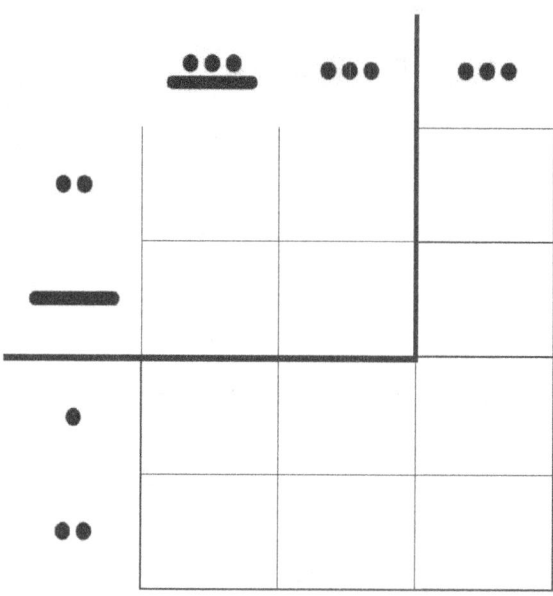

Ahora, llenamos la tabla como ya sabemos, *simplificando cinco puntos como una barra; pero no subir dos barras como un punto.*

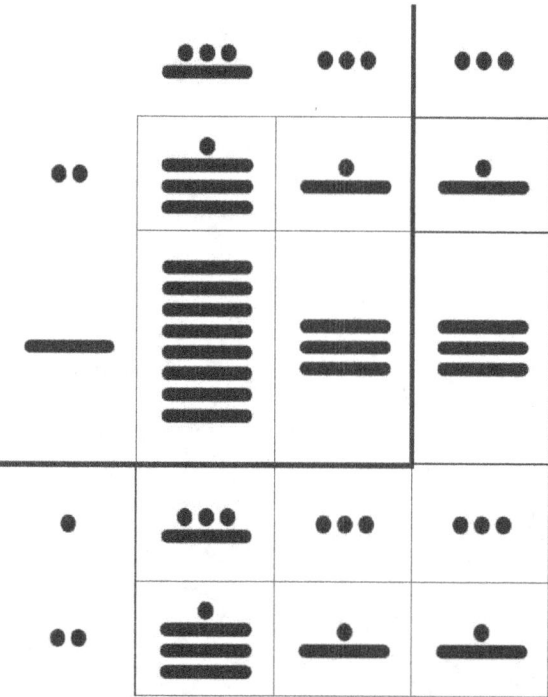

Quitemos los factores:

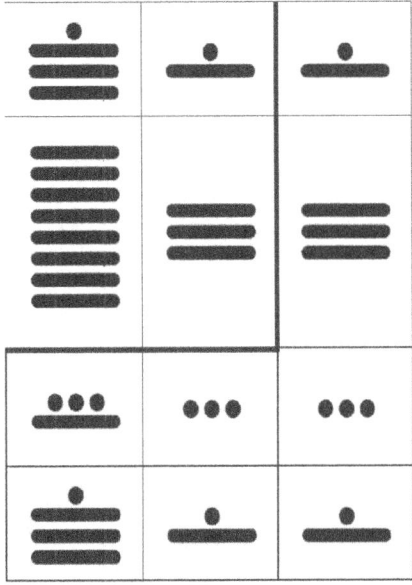

Un libro abierto es un cerebro que habla, cerrado, un amigo que espera, olvidado, un alma que perdona y destruido, un corazón que llora.

Y sumamos las diagonales. *Observa que la tabla de enteros tiene tres diagonales*; pero todas las diagonales se suman completas, sin discriminación de las partes fraccionarias.

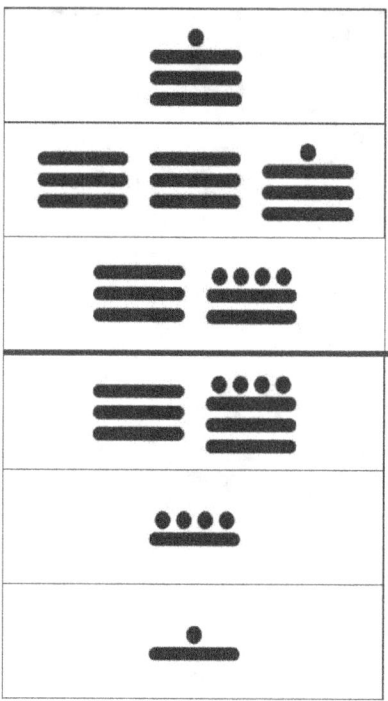

El mejor amigo del hombre es el libro, pues en él encontrará qué hacer en el mañana.

Ahora sí, simplificamos completamente:

La respuesta: 2092.496

6.5. La división con decimales.

Aunque no es muy obvio, al entender cabalmente lo que hacemos al dividir, nos daremos cuenta que continuar con el proceso de la división, usando el resto, podemos encontrar los decimales de la división. Para que esto quede claro, hagamos una división con decimales.

Dividamos: 215 / 32

Antes de empezar, debemos notar que el primer dígito del divisor (3) es *mayor* al primer dígito del dividendo (2) y no podremos restar; por lo tanto, bajamos esos puntos como cuatro barras y adaptamos la tabla de dividir, ya que sólo se necesitan dos diagonales.

El dividendo:

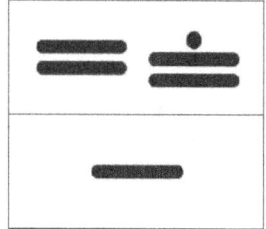

Y la tabla de dividir:

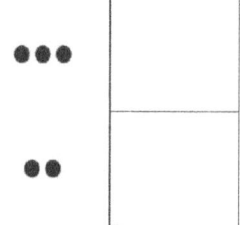

1a. diagonal. En la primera diagonal, podemos restar tres puntos de cuatro rayas y un punto, siete veces.
El nuevo dividendo:

Y la tabla de dividir:

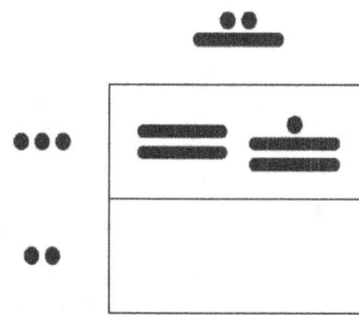

2a. diagonal. En la celda, necesitamos seis veces dos puntos. No los tenemos, por lo tanto, el siete de nuestro cociente es seis y los tres puntos que regresamos, bajan como seis barras:

El nuevo dividendo:

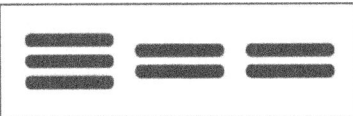

Y la tabla de dividir:

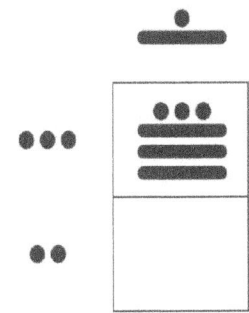

2a. diagonal. En la celda, necesitamos seis veces dos puntos. El nuevo dividendo:

Y la tabla de dividir:

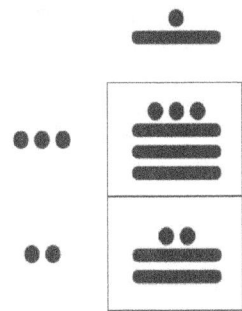

La división *con residuo* ha terminado; ahora, para continuar el proceso, añadimos una columna más a la tabla:

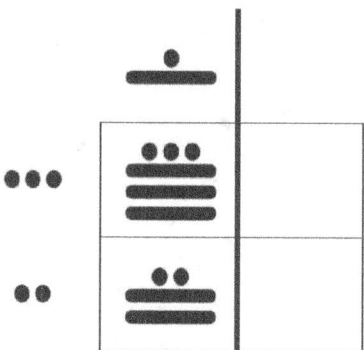

Recuerda: la línea gruesa está representando para nosotros *el punto decimal*; por lo tanto, todos los guarismos que pongamos después de él, serán los dígitos que van después del punto decimal.

2a. diagonal (concluyéndola). En cuatro barras y tres puntos, restamos siete veces tres puntos.

El nuevo residuo:

Y la tabla de dividir:

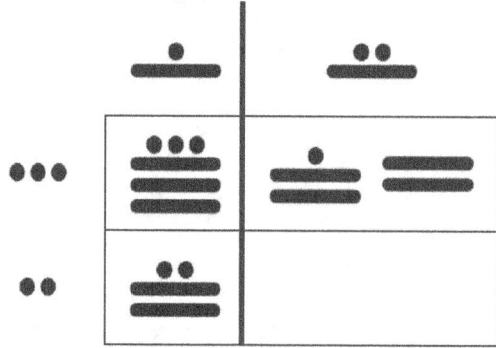

No olvides que al concluir una diagonal, el residuo baja un nivel más; así, dos puntos se convierten en cuatro barras.

El nuevo residuo:

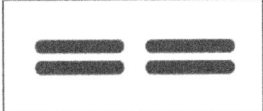

3a. diagonal. Necesitamos dos veces siete:

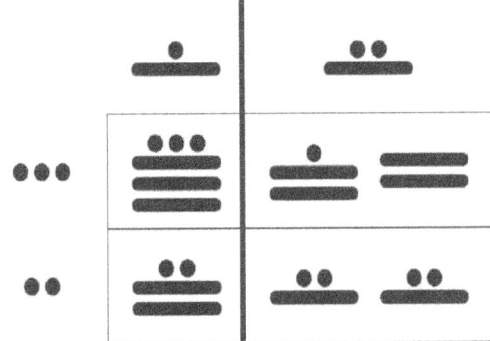

Y el nuevo residuo queda:

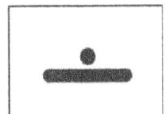

Hasta ahora tenemos un cociente de 6.7; si queremos continuar con más decimales, aumentamos una columna más y concluimos la 3a. diagonal:

3a. diagonal (concluyendo). El tres lo podemos restar del seis, dos veces; pero no quedará nada y no podremos continuar con la siguiente columna, así que es uno y sobran tres puntos que bajan como seis barras:

El nuevo residuo:

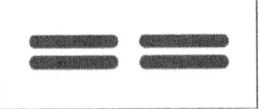

Y la tabla de dividir:

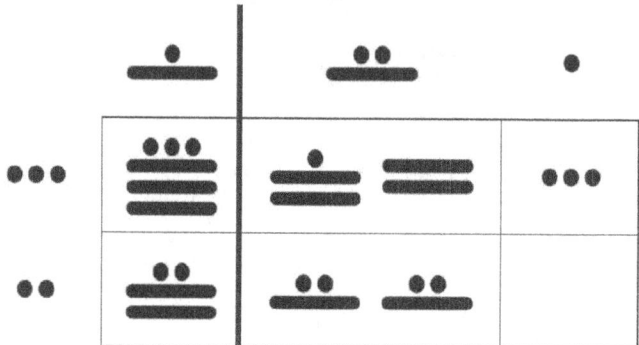

4a. diagonal. Necesitamos dos puntos y restan tres barras y tres puntos:

El nuevo residuo:

Y la tabla de dividir:

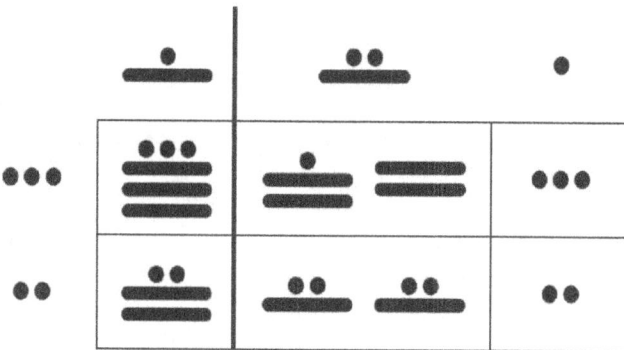

Hasta ahora tenemos un cociente de 6.71. Ahora la pregunta interesante es: ¿necesitamos más decimales? Si la respuesta es sí, continuamos con este proceso; si es no, podemos dar la respuesta como:

215 / 32 = 6.71, con dos dígitos de aproximación.

Notas importantes:

Cuando dividimos con decimales, el residuo es irrelevante, ya no se menciona.

También debes tener en cuenta que este proceso puede terminar y puede no hacerlo. Por ejemplo, la respuesta de la división anterior es 6.71875; esto es, terminará en algún momento, o lo que es lo mismo: después de encontrar el quinto decimal, el resto será cero. A este tipo de números se les conoce como *decimales finitos*.

Ahora, supongamos que dividimos 115 / 11, la respuesta sería 10.454545... Aquí, los puntos suspensivos significan que el 45 se repite infinitamente y nunca termina. A este tipo de números se les conoce como *decimales periódicos*, ya que un grupo de dígitos se repite periódicamente igual.

Otra forma de escribir los números periódicos es: $10.\overline{45}$; aquí, la barra por encima del 45 indica que este grupo de dígitos es el que se repite de manera infinita.

Estos grupos que se repiten, no siempre están inmediatamente después del punto. Por ejemplo, $10.356\overline{45}$ indica un número de la siguiente forma: 10.35645454545...

6.6. Más y más ejercicios.

...Está bien, por esta vez te lo paso, voy a darte un tiempo libre, no hay ejercicios en esta sección... Sonríe.

7

Los radicales.

Quizá los radicales sean las operaciones menos conocidas de los alumnos de escuelas primarias; en la secundaria, los muchachos empiezan ya a realizar cálculos con raíces. Hoy en día esto no es complicado, ya que contamos con una poderosísima herramienta llamada calculadora o, más allá, una computadora; pero, ¿cómo calculaban los pueblos antiguos, como los mayas, los radicales?

Para quien no tiene una calculadora a mano (como en los pueblos de la antigüedad), el proceso de cálculo con lápiz y papel de una raíz cuadrada, es complicado, el de una raíz cúbica lo es más y, más allá, no existe métodos para calcular raíces de orden superior.

7.1. El significado de la raíz.

Los antiguos mayas eran, entre otras cosas, excelentes astrónomos, realizaron cálculos para crear un calendario que, hoy por hoy, es más exacto que el calendario *gregoriano*, el cual es el que usamos hoy en día de doce meses y un engorroso esquema de años bisiestos.

Si bien es cierto que *no se sabe* hasta dónde llegaron los mayas con sus cálculos, quienes saben cómo se calculan todos esos procesos de cantidades astronómicas y calendáricas, saben que una de las operaciones más importantes para esto es el de la raíz.

Por otro lado, y ahora lo verás a detalle, quien entiende que el cálculo de una raíz es muy similar al cálculo de una división, sacará en conclusión, sin problema, que los mayas, con su proceso de cálculo de divisiones, pudieron, sin lugar a dudas, encontrar un método para calcular raíces de orden n.

Ahora vamos a entender lo que es una raíz cuadrada, y para ello, tomemos por ejemplo, el número 3. Este número lo puedo multiplicar por cualquier otro número, según las necesidades del problema que estemos tratando de resolver; pero tomemos uno muy interesante: el 3 mismo. Esto es:

$$3 \times 3 = 9$$

Lo que acabo de hacer no es una simple multiplicación, es una operación llamada *potencia* y se define como el producto de un número por sí mismo y tiene una forma de escribirse diferente:

$$3^2 = 9$$

El pequeño 2, se llama *exponente* e indica cuántas veces de multiplicará la *base*, en este caso el 3, por sí misma.

Así, las *segundas potencias* (con exponente 2) de los primeros nueve números son:

n	n^2
1	1
2	4
3	9
4	16
5	25
6	36
7	49
8	64
9	81

Este tipo de cálculos, los podemos ampliar a exponentes mayores, lo cual debe ser obvio, el exponente lo podemos cambiar a otro valor; esto es, multiplicar un número -el cinco, por ejemplo- tres veces, es conocido como la *tercera potencia* de 5 (o cinco al cubo) y se representa así:

$$5^3 = 5 \times 5 \times 5 = 125$$

Ahora, las cinco primeras potencias de los seis primeros números, sería:

n	n^2	n^3	n^4	n^5
1	1	1	1	1
2	4	8	16	32
3	9	27	81	243
4	16	64	256	1024
5	25	125	625	3125
6	36	216	1296	7776

Las potencias en sí, no resultan un problema, ya que son multiplicaciones; lo que puede resultar un problema es cuando conocemos un número –el 125, por ejemplo– y queremos saber cuál fue el número que se multiplicó tres veces –por ejemplo– para llegar a él. En este caso, vemos que en la columna de n^3, el 125 corresponde al 5, por lo tanto, el número que buscamos es el 5.

Este proceso, *contrario a la potencia*, se llama radicación y también tiene una forma especial de expresarse; para el ejemplo del cinco, tenemos lo siguiente: $\sqrt[3]{125}$; esto se lee: *raíz cúbica de 125*.

Por lo tanto, si tomamos de la tabla que 4 x 4 = 16, entonces $\sqrt[2]{16} = 4$; esto se lee: *raíz cuadrada de 16 igual a 4*.

En general, las raíces cúbicas o mayores necesitan que se indique su orden; las raíces cuadradas, se expresan sin número; observa:

$\sqrt{100}$ raíz cuadrada de 100.

$\sqrt[3]{100}$ raíz cúbica de 100.

$\sqrt[4]{100}$ raíz cuarta de 100.

... ...

Resumiendo:

Si: 13^4 = 13 x 13 x 13 x 13 = 28561 (La cuarta potencia de 13)

Entonces: $\sqrt[4]{28561}$ = 13 (La raíz cuarta de 28561)

7.2. La raíz cuadrada de los mayas.

Vamos a aprender los radicales con lo más simple: las raíces cuadradas. De acuerdo a la definición que antes di, la raíz cuadrada es un número que multiplicado por sí mismo da como resultado el número que tenemos. Por lo tanto una raíz cuadrada se puede ver como una división.

De acuerdo a lo anterior, podemos ver la raíz cuadrada como *una división condicionada a que el divisor y el cociente sean iguales.*

Como siempre, vamos a explicar el proceso por medio de un ejemplo: Vamos a calcular $\sqrt{1254}$ con tres decimales de aproximación.

Paso 1. *Formamos una cuadrícula con igual número de filas y columnas y que contenga tantas diagonales como guarismos tiene el número a radicar, o menos.* En el caso de 1254, una cuadrícula de dos filas y dos columnas, tiene tres diagonales (contra cuatro guarismos, le falta). Una cuadrícula de tres filas y tres columnas, tiene cinco diagonales (contra cuatro, se pasa). La cuadrícula debe ser de dos filas y dos columnas.

Paso 2 *Adaptar el número para que contenga tantos guarismos como diagonales tiene la cuadrícula en su parte entera.* En el ejemplo, tenemos cuatro guarismos:

Pero la cuadrícula es de tres diagonales, así que bajamos el punto como dos barras:

La educación es necesariamente un punto muy importante en la vida, porque con ella, mucha gente sabe lo que eres y lo que vales.

Paso 3. *Aumentar la cuadrícula con igual número de filas y columnas, hasta completar el número de guarismos requeridos de decimales.* En el ejemplo, supongamos que nos interesa calcular la raíz con sólo tres decimales. La cuadrícula queda como:

A	B	C	D	E
F	G	H	I	J
K	L	M	N	O
P	Q	R	S	T
U	V	W	X	Y

Paso 4. *Con el primer guarismo (dos barras y dos puntos), creamos tantos grupos de puntos como sea posible, cuidando que el número de grupos y puntos sea igual.* En el ejemplo: con un grupo de uno, sobran suficientes puntos:

Con dos grupos de dos, también sobran:

Con tres grupos de tres, sobran tres puntos:

No hay suficientes puntos para crear cuatro grupos de cuatro; así que son tres grupos de tres. El número queda:

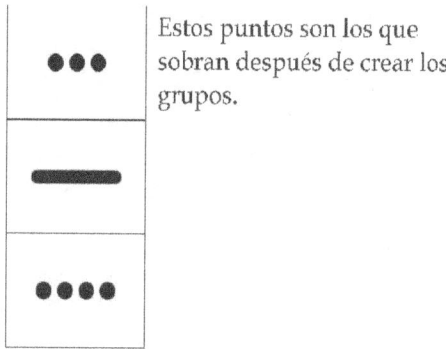

Estos puntos son los que sobran después de crear los grupos.

La tabla del radical:

← El radical empieza a formarse

↑ Radical

B

F

Paso 5. *Seguir el proceso conocido de la división.*

A partir de este paso, el proceso es muy similar al de la división, con la diferencia de que divisor y cociente deben ser iguales.

2a. diagonal.

Concluida la primera diagonal, bajamos los tres puntos como seis barras:

Para completar las celda *F* y *B*, repartimos las siete barras a partes iguales (quedan tres barras por grupo) y los dividimos en grupos de tres (porque eso nos pide el radical, y nos da una barra). El número queda:

La tabla del radical:

3a. diagonal.

Ya concluimos la diagonal, así que bajamos la barra como diez barras; el número queda:

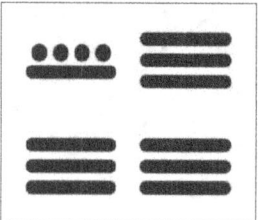

La celda G necesita cinco grupos de cinco, los cuales restamos del número que queda:

La tabla del radical:

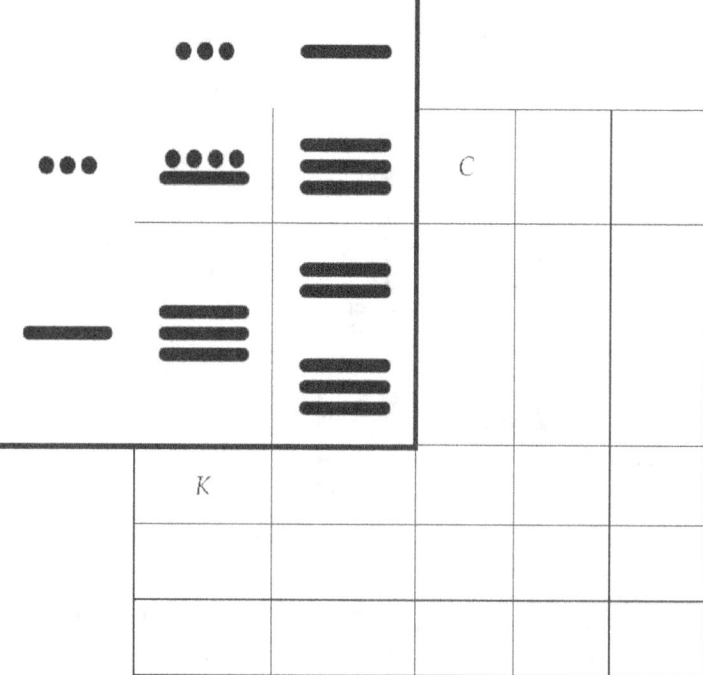

Para las celdas K y C, repartimos de nuevo las cinco barras y cuatro puntos que quedan en dos grupos y cada grupo en grupos de tres (lo que nos pide el radical); el número queda:

La tabla del radical:

	••• ▬▬	••••		
•••	•••• ▬	▬▬ ▬▬	•• ▬▬	D
▬	▬▬ ▬▬	▬▬ ▬▬ ▬▬ ▬▬	H	
••••	•• ▬	L		
	P			

4a. diagonal.

Ya concluimos la diagonal, así que la barra del cociente baja como diez barras:

Para las celdas *L* y *H*, necesitamos cuatro barras en cada una, que restamos del número, que queda:

La tabla del radical:

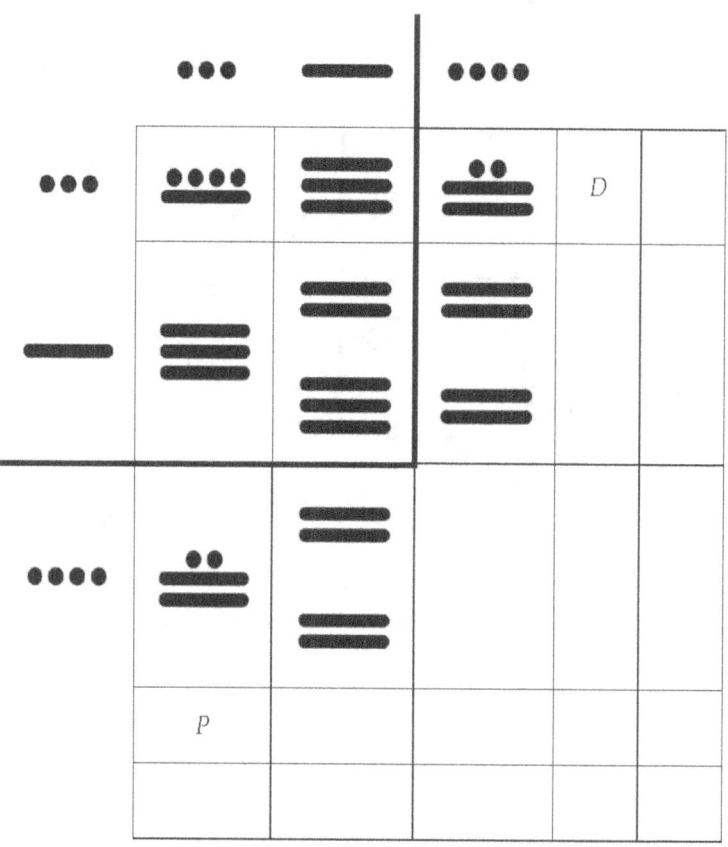

Para las celdas *P* y *D*, repartimos las dos barras en dos grupos y en cada grupo, dividimos en grupos de tres (lo que nos pide el radical). El número queda:

La tabla del radical:

●●●	▬	●●●●	●	
●●●● / ▬	▬ ▬ ▬	●● / ▬ ▬	●●●	*E*
▬ ▬ ▬	▬ ▬ / ▬ ▬	▬ ▬ / ▬	*I*	
●● / ▬	▬ ▬ / ▬	*M*		
●●●	*Q*			
U				

5a. diagonal.

Ya concluimos la diagonal, así que los puntos bajan como ocho barras:

Las celdas *Q* e *I* requieren una barra cada una y la celda *M* requiere tres barras y un punto. Nos quedan dos barras y cuatro puntos, los cuales debemos repartir en dos grupos y cada grupo en tres grupos.

La tabla del radical:

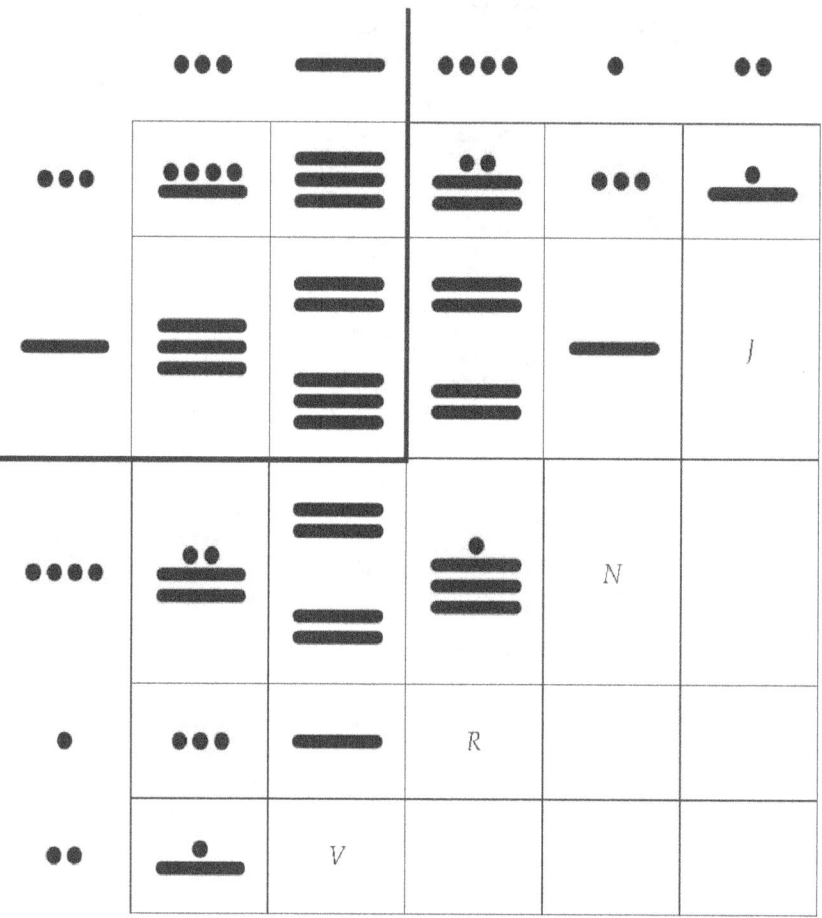

¿Te fijaste? Ahora debemos bajar los dos puntos como cuatro barras, ya que la diagonal ha concluido; pero las celdas *V* y *J* requieren dos barras cada una, y ya no habrían puntos para dar a las celdas *R* y *N*. Esto sólo indica que el último guarismo no es dos, sino uno.

Por otro lado, completar la tabla es irrelevante, el número de guarismos (decimales requeridos) ya está completo, así que no importa cuántos puntos sobren, a menos que se quiera ampliar el número de decimales.

Así la tabla final queda:

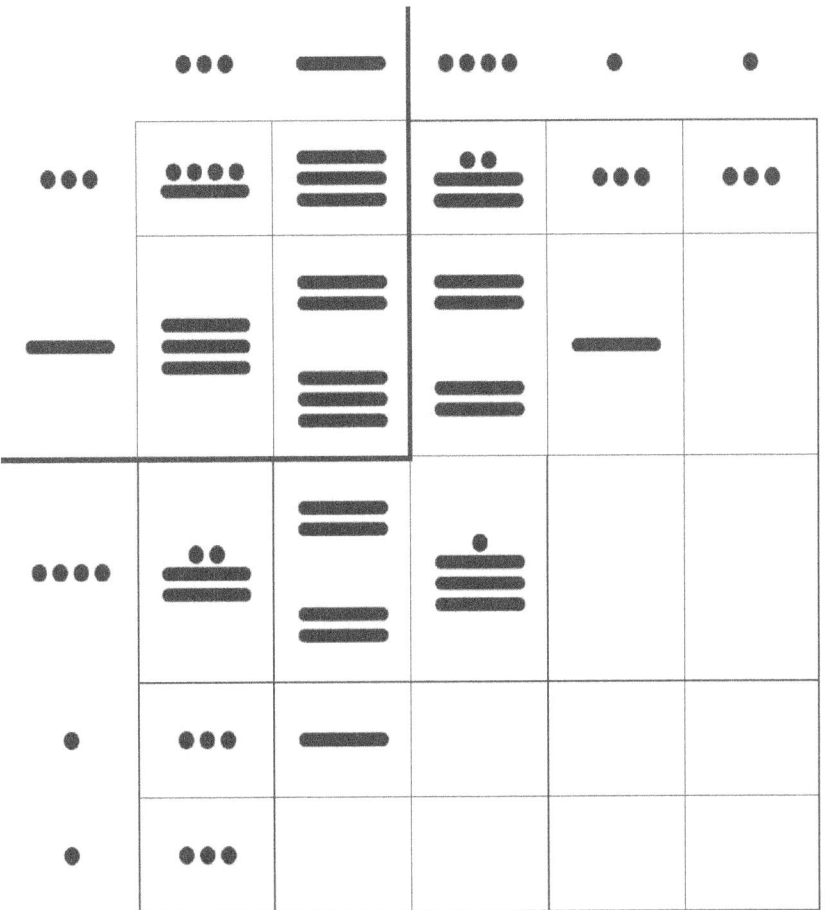

Por lo tanto, tenemos que $\sqrt{1254}$ = 35.411 con tres decimales de aproximación.

Nota importantes:

1. Como habrás notado en el ejemplo, el proceso es similar al de la división; la diferencia más importante es el *paso 4*, en el cual se crean grupos de igual número de puntos que de grupos. Esta es la esencia de los radicales.

2. La otra diferencia es que creamos una tabla de multiplicar al revés; esto es, a partir de una solución; pero más allá, lo creamos sin conocer el divisor.

7.3. Raíces o divisiones.

Si entendiste el concepto que manejaban los antiguos mayas para el radical, quizá llegues a la conclusión de que es muy probable que nunca la hayan visto como lo hacemos nosotros. No existe palabra conocida en maya para expresar el radical; por lo tanto, ellos nunca *extrajeron raíces*, sólo *dividían condicionadamente*.

Ahora, uno de los puntos más importantes de esta conclusión es la siguiente: Si los mayas dividían condicionadamente, ¿podían poner cualquier condición al proceso? Por ejemplo, en vez de que el divisor y el cociente sean iguales, ¿podremos dividir de tal forma que el divisor sea el doble del cociente? ¿o el triple del cociente?

En el algoritmo arábigo de la división (el que nos enseñan en la escuela) esto no es posible; pero entre los mayas, esto *sí* era posible. Sin embargo, no me parece apropiado para el nivel de este libro, realizar este tipo de operaciones. Te propongo lo siguiente:

Toda vez que hayas entendido y practicado lo suficiente la raíz cuadrada (me refiero a un mínimo de veinte ejercicios sin fallar), tómate un tiempo para intentar realizar una división en la que el divisor y el cociente cumplan una condición diferente a que sean iguales.

Para concluir, lo que te propongo es que te diviertas con los mayas y sus operaciones matemáticas. No las veas como el monstruo de las matemáticas, ve el lado divertido de ellas. Te aseguro que, después de jugar con las matemáticas de los mayas, al hacer operaciones en la escuela con los números arábigos, te serán más fáciles y entenderás mejor lo que significan. ¡Cuenta con los mayas!

8

Notas finales y curiosas.

Espero que hayas practicado lo suficiente; si es así, ya debes saber sumar, restar, multiplicar y dividir como los mayas y cuando tu profesor te enseñe estas operaciones con los números arábigos, se te harán fáciles, ya que entenderás que llevar y prestar, como le dice tu maestro, es lo mismo a subir dos barras como un punto o bajar un punto como dos barras. En este capítulo, para finalizar, te comentaré algunas cosas interesantes e importantes que se saben de la cultura maya.

8.1. El cero en la cultura del los pueblos antiguos.

En el mundo de las matemáticas, los pueblos antiguos utilizaron diferentes bases, diferentes guarismos y diferentes sistemas de numeración. Como ejemplo, tenemos a los romanos que crearon un sistema un tanto complejo que no necesitaba de un cero; pero que hacía las operaciones, incluyendo la suma, muy complicadas.

Podemos hablar de muchos pueblos antiguos; pero lo importante aquí es que sólo unos pocos utilizaron un sistema posicional que requiere de un cero; pero que hace más simples las operaciones. Históricamente hablando, se dice que el primer cero apareció alrededor del año 650 después de Cristo en la India. Sin embargo, hoy en día existen vestigios arqueológicos que demuestran que los mayas usaban el cero alrededor del año 300 después de Cristo; esto es, *antes que en la India*. Se cree, de hecho, que el cero maya o, al menos el concepto del cero, fue llevado de los mayas a la India por medio de un intercambio comercial entre estos pueblos. Si esto fuera cierto, entonces Cristóbal Colón llegó a estas tierras muchísimo tiempo después a *descubrirla*, ¡más de mil años después!

De la India, también por intercambio comercial, los árabes lo llevan a Europa y fue adoptada y divulgada en el mundo islámico cerca del 825 después de Cristo por el matemático árabe Mahammad Ibn Musa Al-Khawarizmi. Al inicio del siglo XII, el monje inglés Adelard de Bath tradujo el libro de aritmética de Al-Khawarizmi para el latín con el título de *"Algoritmi de Número Indiorum"*. El sistema numérico utilizado en la Europa no hispánica hasta entonces era el sistema romano.

Por otro lado, si hemos de ser consistentes con algunos autores y antropólogos, debemos decir que se cree que los mayas utilizaban el cero *varios milenios antes de Cristo*. Pero esto, por no tener un respaldo arqueológico muy firme, lo dejaremos como está.

En lo personal, pienso que no es relevante averiguar quién inventó el cero; lo más relevante es entender que pueblos antiguos de toda Mesoamérica utilizaron el cero y mucho antes que cualquier otro pueblo en el mundo.

Quizá a la llegada de los conquistadores españoles, nuestros antiguos pobladores tenían chozas por viviendas y taparrabos por vestiduras; pero esto *no significa que fueran bárbaros, e ignorantes* como algunos escritos de historia nos hacen creer. De hecho, el calendario maya es, hoy en día, el más exacto en todo el mundo y, más aún, fue usado para ajustar el calendario gregoriano que usamos a nivel mundial.

Por otro lado, e igual de importante que el cero mismo, es el simbolismo maya del cero. Como bien apunta el Ing. Héctor Calderón, "el cero maya es uno de los especímenes más antiguos del pensamiento abstracto".

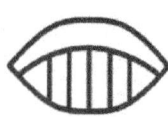

Enrique Palacios sostiene que el concepto maya del cero *no implica la ausencia de todo*, en realidad, el maya le da al cero un sentido de plenitud: al escribir el número veinte (un punto en el segundo nivel y un cero en el primero), el maya indicaba que la cuenta estaba completa, que al primer nivel de la cuenta no le faltaba nada y empezaba el segundo nivel de la cuenta.

Algunos autores consideran que el símbolo del caracol escrito en los códices, representa un puño o mano cerrada, vista de frente y que simboliza que los dedos (que representan los numerales) están contenidos dentro de un espacio cerrado, están integrados y completos.

Por otro lado, el caracol está fuertemente vinculado con el concepto de muerte entre los pueblos mesoamericanos. Se cree que estos pueblos utilizaban el simbolismo de la concha que es lo que queda del molusco cuando éste ha muerto y es una forma más estética de representar a la muerte, a diferencia de la típica calavera manejada por la mayoría de los pueblos.

Ambos conceptos, el de la cuenta completa con el puño cerrado y el de la muerte con la concha, se unen en uno sólo. La terminación de la vida es también el cierre de un ciclo, la medida que se completa, la integración final. Las dos hipótesis sobre la verdadera naturaleza del cero maya pueden ser ciertas: el puño cerrado declara que nada sobra, que todo está contenido dentro de la mano, que el conjunto está completo; la concha del caracol anuncia que un ciclo de vida ha terminado y que sólo queda ahí la huella geológica que nos informa que existió y se completó.

8.2. La base de numeración de los mayas.

Una de las preguntas que siempre se hace interesante de responder es la del porqué de las diferentes bases de numeración.

Se sabe que los antiguos chinos contaban por docenas, lo cual llega hasta nuestros días y lo constatamos cuando vamos a la tienda a comprar una *docena* de huevos, ¿has escuchado a tu mami decir que necesita comprar una *docena* de botones?

Existen vestigios, en varios idiomas, de que la base de numeración anterior era diferente a la base decimal; en alemán y en inglés, por ejemplo, los números diez, once y doce tienen nombres propios (no compuestos); pero trece es un compuesto de diez y tres, el catorce y los demás hasta veinte, también. En nuestro propio español, de niños bromeamos siempre al contar: ...*diez, dieciuno, diecidos, diecitres, diecicuatro, deicicinco y dieciséis*. ¿Porqué los números hasta el quince tienen nombres propios y no compuestos de diez y algo? Es casi directa la respuesta: Porque la antigua base de numeración era quince.

En lengua maya, esto también está presente, ¿recuerdas los nombres de los números mayas de la tabla del capítulo 2? El once y el doce tienen nombre propios (no son derivados), pero el trece es "tres diez" (*oxlahum*) y los demás, hasta el diecinueve, se componen de la misma forma. Esto quiere decir que los *muy muy antiguos mayas* tenían una base de numeración 12. ¿Por qué cambiaron a base 20? ¿Cuándo lo hicieron? Nadie lo sabe...

De hecho, mi teoría personal es que los mayas cambiaron la base doce por la base el veinte porque *no usaban zapatos*; de manera lógica, como lo haría un niño y como se cree que lo hicieron los antiguos habitantes del planeta, contar cosas es compararlas con otras que tengamos a la mano, y lo que tenemos a la mano son los dedos. ¿Has visto los dibujos de los antiguos mayas en un museo? Cuando está contando o calculando, siempre están en cuclillas, ya que usaban un tablero dibujado en el suelo. Además de los dedos de la mano, tenían los dedos de los pies y eran veinte en total.

¿Sabes cómo se dice 80 en francés? Se dice *quatre vingt* (literalmente: cuatro veintes). Unos pocos pensamos que esta forma de contar le llegó de los mayas, ya que son *el único pueblo conocido de la antigüedad que tenía por base el 20*; en lo personal, no me parece una idea descabellada.

La forma de nombrar los números entre los mayas, nos puede parecer curiosa; pero es, por demás, interesante. Extraído de "El libro de los libros del Chilam Balam", se lee:

"Cuatro veintenas más un año"

"Un año faltando para 5 veintenas"

"Se alzará guerra en la Habana con 13 veces 400 barcos"

¿Observaste la base 20? Hoy en día, con nuestro sistema de numeración podemos tener la noción cabal de lo que significa *cinco mil doscientos*; pero los mayas tenían la noción cabal de lo que significaba *trece veces cuatrocientos*.

8.3. Los signos de las operaciones.

¿Cuáles son los signos de las operaciones básicas que tu profesor te ha enseñado? La multiplicación y la división tienen varios; pero los más conocidos y usuales son:

$$+ \; - \; \times \; \div$$

¿Encuentras alguna curiosidad en todos ellos? Obsérvalos bien... ¿aún nada?... No me digas que necesitas más tiempo...

¡Sí! *Todos están formados de **puntos y rayas**...* sólo falta el caracol. Unos pocos autores, muy pocos, por cierto, y yo entre ellos, creemos que los signos de las cuatro operaciones que utilizamos hoy en día, están basados en los símbolos de los mayas. Posiblemente nunca lleguemos a saber si esto es cierto; pero la duda, seguro que pondrá a muchos científicos e investigadores a pensar mejor en todo el legado que los mayas nos dejaron.

8.4. Y ahora... ¿qué sigue?

Si te diste cuenta, que sé que sí, expliqué cómo extraer raíces cuadradas; pero no toqué el tema de las raíces cúbicas y de orden superior. Aún cuando he insistido en que las matemáticas de los mayas son fáciles, debo aceptar que para calcular raíces de orden superior, se necesita una cosa muy muy importante: *Se necesita entender de manera cabal lo que es calcular una raíz cuadrada*. Cuando entiendas y practiques al máximo la raíz cuadrada, estarás en la mejor disposición de practicar las raíces de orden superior.

Existen, por desgracia, unos muy pocos libros que hablan de las matemáticas de los mayas. Un libro que puedes adquirir y te recomiendo mucho es el del Dr. Luis Fernando Magaña, quien como yo, está convencido que esta es una herramienta poderosa para aprender a operar matemáticamente. El libro del Dr. Magaña se llama *"Puntos, rayas y caracoles"*.

De cualquier manera, estoy en la mejor disposición de ayudarte... cuando quieras, comunícate conmigo.

Al final de cuentas, si llegaste hasta aquí, es porque, como yo, estás interesado en los mayas y su increíble cultura.

Este es el final del libro...

www.ingramcontent.com/pod-product-compliance
Lightning Source LLC
Chambersburg PA
CBHW082215290526
45794CB00009B/3551